女人穿衣聖經

金·強生·葛羅絲＆傑夫·史東◎著　洪瑞璘◎譯

克莉絲汀娜·辛巴莉絲特◎撰稿　大衛·貝蕭◎攝影

妳會穿衣服嗎？

妳只有七秒鐘可以留下美好的印象，人要衣裝——要懂得穿。

1. 我在一家嚴謹規定穿著的傳統律師事務所上班。我跟老闆一起出差，參加一個三天的大型會議。我們預定週日下午出發，請問我可以穿著週末穿的牛仔褲和休閒鞋搭機嗎？ ....是 或 否

2. 如果我知道我要應徵的公司穿著很休閒，請問我面試時是否還需要穿套裝？ ....是 或 否

3. 我不會經常碰到高階主管，是否還需要在正式的職場服裝上作投資？ ....是 或 否

4. 我在一家要求穿著正式的公司擔任會計師，請問當我跟穿著休閒的客戶開會時，是否應該遵照他們的穿著風格？ ....是 或 否

5. 我剛上班的這家公司要求女生必須穿絲襪，但我不認識任何一個夏天會穿絲襪的人。妳覺得我可以不理會這個規定嗎？ ....是 或 否

6. 我今年四十歲，任職於一家年輕導向的公司，而且正打算爭取一個升遷機會，請問我是否應該讓自己的形象變得時髦一點〈如：年輕一點〉？ ....是 或 否

7. 我認為我的老闆穿著過於休閒，並不適合她的職位，請問我是否可以穿得比她正式一點？ ....是 或 否

8. 我有一套很棒的黑色迷妳洋裝，可以完全展示我最自豪的美腿。如果在公司的耶誕派對上穿這一件洋裝，會不會不太恰當？ ....是 或 否

9. 我剛被提升為部門主管。不論價格多少，套裝還是套裝，請問我是否需要添置新裝？ ....是 或 否

10. 我認為別人應該以工作而非外表來評斷我的工作表現。如果我的工作績效很好，我是否「穿著得體」真的那麼重要嗎？ ....是 或 否

簡緻系列（CHIC SIMPLE）是品味生活的入門書。
它是為那些相信生活品質來自去蕪存菁、而非累積數量的人所撰寫的，
簡緻系列能讓讀者在經濟能力範圍之內，
輕鬆建立優質生活與個人風格。

「我們的確可以透過技巧，操縱任何特定場所的穿著，
進而激發有利於自己的定位與需要之反應。」

——約翰‧莫洛伊（John T. Molloy）
《新版為成功而穿》（*New Dress for Success*）

親愛的讀者：

套用約翰‧莫洛伊的話——人們的確會用封面來評斷一本書。不論對錯，現實世界就是如此。得體穿著在當今職場已經是一種必要，不論是求職面試、代表公司跟新客戶會面，或在公司裡做簡報，妳的服裝就是別人對妳的第一印象。所以重點是：妳應該為妳想要的工作與專業目標而穿。

但直到現今，穿衣服這個簡單的動作卻經常讓人感到困惑。犯錯的代價，不但有損妳的預算，更會傷及妳的事業。《女人穿衣聖經》提供實用的技巧與合理、簡單的建議，協助妳規畫自己的最佳專業衣櫥。

本書是根據我們多年來擔任許多企業顧問諮詢的心血結晶。不過，我們也將跟讀者分享與多位傑出職場女性對於服裝在職涯發展中扮演關鍵角色的個人經驗與誠懇建議。再加上我們每天在Chic Simple網站（www.chicsimple.com）中為全美各地無數深受職場穿著之苦的女性，提供實用的建議。

我們覺得兩本穿衣聖經（Dress Smart）著作（我們也寫了本書的姊妹作——《男人穿衣聖經》〔*Dress Smart Men*〕）是我們過去十年所出版的25本簡緻（Chic Simple）系列叢書中最重要的著作。原因為何？因為穿得好，代表妳穿著得體、具

有專業權威，就能自然展現自信。不論妳想找工作、想要在目前職位有所表現，或換個更好的工作，精穿細著都是關鍵的第一步，妳在衣櫃上的小小投資，將為妳的事業帶來大大的收穫。好好投資自己，不要猶豫！

現在，用心打扮一下！

——金與傑夫

「懂得越多，需要的就越少。」
——澳洲原住民諺語

HOW TO use this book

妳的工作、生命與事業可以分成三大部分：

1. 找工作（沒工作就沒搞頭）
2. 一路亨通（好主意）
3. 更上層樓（好還要更好）

每個階段，《女人穿衣聖經》都將提醒妳應該注意的重點，並把這些建議轉換成具體的服裝，同時告訴妳如何在日常生活中搭配這些服裝。我們以**圖片**來引導示範；在每個重要階段的最後，都會提出一個服裝組合範例，供大家參考。

1. 找工作。如果妳即將大學畢業，打算進入就業市場、如果妳因為孩子暫離職場之後又再度就業、或是妳剛下定決心、認真看待工作或事業，想要做點不一樣的事，那就請妳參考第一單元。不論妳是屬於上述哪種狀況，這些原則都適合妳。

2. 一路亨通。妳已經決定把工作當做生活的重心，真心想要進入下一個階段，而且不論何時或遇到什麼機會，妳都不想再為得體穿著傷腦筋時，妳的服裝就必須是妳的秘密資產。

3. 更上層樓。太棒了，恭喜妳爬到要職。接下來呢？多年來，男人向來懂得如何為領導而穿——不論軍裝或職場的權勢西裝（power suit）皆然。現在，輪到妳上場了。儘管放膽去做吧！小女孩，《女人穿衣聖經》會告訴妳該怎麼做。方法很簡單：翻開書，讀一讀、看一看，想一想妳希望自己的服裝如何為妳發聲。

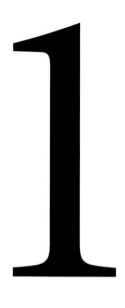

1 找工作

2 一路亨通

3

更上層樓

4

四海皆職場

性感美女要找工作

親愛的金與傑夫：

我最近獲得一個廣告公司的面試機會，我想穿比較時髦的衣服，而非傳統的套裝。因為是廣告業，我想展現一點活力與創意。我的套裝是黑色的，通常會配一件象牙白的襯衫和一雙兩吋高的包鞋。不過，現在我想穿黑色細條紋的絲質外套、配非常短的裙子、一件蕾絲緊身衣、有圖案的黑色絲襪、再穿上後跟繫帶的黑色三吋高跟鞋。如何？

——後跟繫帶的好奇小女子

親愛的後跟繫帶好奇小女子：

創意並不等於要性感。非常短的裙子、蕾絲緊身衣、有圖案的絲襪，還有三吋後跟繫帶鞋，將會混淆妳所展現的專業訊息。男性面試者面對妳時，可能會感到不自在，而女性面試者則可能感到不快。為了展現妳的獨特個性，請穿上妳的黑色套裝，再加上一個別針、項鍊或絲巾做裝飾，或是把象牙白襯衫換成比較活潑的條紋襯衫。後跟繫帶鞋適合搭配膚色或黑色透明絲襪，妳的目的應該是展現專業，而非打扮得像要去赴約。

——金與傑夫

Get
Job

找工作

面試衣櫃

1-2-3-4-5-6-7，這就是別人決定妳的前途所花的時間。在七秒鐘之內，人就會留下一個印象：適任或蠢才、充滿活力還是不堪一擊、自信滿滿或害羞退卻、證明我（面試者）的用人眼光正確還是成為我的恥辱……我到底想要落在哪一邊？如何確定在那些關鍵的前幾秒鐘，妳已經盡可能展現自己的優點了？給自己一個機會吧！穿對衣服，然後得到那份工作！精穿細著不為過！

這麼聰明的妳，
怎麼會穿得這麼拙呢？
——服裝與前途

「不論妳多麼有才華或多麼努力，如果妳不知道遊戲規則，就不會成功。」

——約翰·葛雷（John Gray）
《職場的火星與水星》
（Mars and Venus in the Workplace）

擔任〈今日秀〉（Toady Show：美國有線電視網NBC的晨間節目，內容包含一般新聞、來賓對談及娛樂新聞）的主持人之一長達12年的凱蒂·柯芮克（Katie Couric），某天跟全美民眾同時獲知光鮮亮麗又知性優雅的戴安·索耶（Diane Sawyer）將在另一個頻道（只要遙控器一按就能跳到）主持類似的晨間節目之後，柯芮克原本的少女形象馬上大幅扭轉——休閒的長褲換成流行的格紋裙，素色的平底鞋變成超細高跟鞋，懶散沒精神的開襟毛衣讓位給顏色亮麗的喀什米爾毛衣，時髦不落俗套的西裝外套下搭配俐落的白襯衫。她原本柔細的灰褐色頭髮也染成有層次感的亞麻色，原本調皮的小男生形象一變而成風情萬種的女人，嘴唇也塗成性感的嘟唇形狀。不到數週，所有新聞主播的自負形象全部都不見了，直到早上10點之後。

全國格鬥冠軍、四星級主廚和名人，他們幾乎都不需要任何華服。畢竟，萬無一失的套裝已經讓芭芭拉·華特絲（Barbara Walters：美國知名資深新聞主播）、珍·寶莉（Jane Pauley：美國知名新聞主播，曾擔任Today Show主持人達13年）等人到達事業的高峰。不過，當競爭變得激烈，柯芮克很清楚：所有細節都很重要。這個以前對各種時尚風格嗤之以鼻、無法自在面對「飛迅」（fee-ashion）的女人，明白她不能再把光鮮亮麗的外表當做枝微末節，因為這已經是工作的要求！

改變形象，改變生活

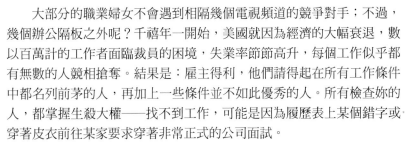

　　大部分的職業婦女不會遇到相隔幾個電視頻道的競爭對手；不過，幾個辦公隔板之外呢？千禧年一開始，美國就因為經濟的大幅衰退，數以百萬計的工作者面臨裁員的困境，失業率節節高升，每個工作似乎都有無數的人競相搶奪。結果是：雇主得利，他們請得起在所有工作條件中都名列前茅的人，再加上一些條件並不如此優秀的人。所有檢查妳的人，都掌握生殺大權──找不到工作，可能是因為履歷表上某個錯字或穿著皮衣前往某家要求穿著非常正式的公司面試。

　　不論妳喜歡與否，也不論景氣好壞，從身上套裝的剪裁、頭髮的長度、高跟鞋的高度、手提袋的款式等妳用來展現自己的工具，在在透露了與妳個性有關的蛛絲馬跡，周遭的人會立即根據這些線索主觀解讀妳這個人。別人從這些外顯的線索中，推斷妳是否能夠犧牲奉獻、能力夠不夠、個性、習慣、品味如何，還有妳的社交生活、朋友與怪癖等。妳花在穿著的心思與努力將直接與妳所傳達的個人訊息是否夠力、準確與前後一致，息息相關。

　　柯芮克在意識到自己的穿著將影響自己的事業之後，馬上動手管理自己的服裝，不僅沒有嗤之以鼻，反而設法讓服裝為她效力。每個職業婦女都必須慎重考慮這個課題──如果她想要事業成功的話。

形象力量大

　　我們生活在一個視覺的社會中。美國歷任總統都很清楚在鏡頭面前上相的重要性，名人會聘請時尚專家好讓他們的服裝能傳遞正確的訊息。同時，企業界也會花費無數金錢來包裝他們的產品，正確傳遞它們想要宣揚的想法與象徵，以傳達強而有力的形象。當百事可樂請小甜甜布蘭妮代言廣告（2001年世界盃足球賽）時，這個品牌馬上跟年輕與時髦掛勾，表示這個歷史悠久的經典飲料跟MTV世代是同一掛的。羅夫羅蘭（Ralph Lauren）不斷在廣告中出現綿延的鄉村住家與騎馬場景，因此讓品牌變成美國富裕上流社會的同義字。

　　職場上，妳就是品牌，妳的外表就是妳的識別標章（logo）──不斷傳送妳是誰、妳必須提供什麼、妳何去何從等清楚且一致的訊息。妳的任務就是精確訂出妳想要在工作環境中展現的身分識別（identity）

真心話

妳的穿著左右了妳的工作方式。當妳的形象象徵成功，成功的機率就會增高。

裝飾的權利

只要妳覺得適合，妳絕對有權利裝飾自己的身體。不過，妳是否了解面試者正在尋找哪一種員工呢？問題就在這裡！妳絕對有權利在身上穿孔或刺青，但是妳是否能夠獲得某個工作，則取決於握有工作者的眼睛。如果透過這些裝飾展現自我，對妳而言很重要，那妳當然也有不接受這份工作的權利。如果這份工作值得妳做某些調整，那麼這就是妳的「工作」囉！

為何，再透過穿著來展現。如果妳不做，等於放任自己的身分或影響別人對妳留下好印象的力量隨波逐流。現在，請妳下定決心，用心挑選可以反映自己真材實料的服裝，開始真正掌握自己的事業與生活。

以服裝做為品牌特色

超級大律師葛洛莉亞‧亞爾芮德（Gloria Allred）在25年的職業生涯中，幾乎都穿著紅色的套裝。「電視觀眾喜歡紅色，而且我的姓就是『全紅』（all red），理所當然的，紅色就變成我的標誌了。我因此而有名，因為它很一致又是我個人獨有，所以有助於展現自我。」

視覺因素在職場攸關重大。紅色＝權力；條紋＝權威；俐落的白襯衫表示必要時，妳可以捲起袖子、認真做事；公事包代表效率。相反的，皺巴巴的衣服或鼓脹變形的公事包則暗示妳不是有備而來，而且不夠負責任——不論事實是否如此。研究顯示，外表能在不知不覺中影響別人對妳工作品質的看法：一個總是穿著合身套裝的助理，可能會被認為非常值得加以升遷；另外一個同樣具有企圖心、卻總是穿著寬鬆的卡其褲與V領毛衣的女性員工，則可能被視為耐操的輔助部屬。妳的服裝甚至能顯示妳是否注重細節（鞋子務必擦亮！）。

妳的職場服裝到底透露了妳多少的秘密？有領的襯衫：「好的，遵命！」俐落的套裝：「我已經準備好，可以行動了。」刺青：「做我自己。」

精穿細著

所謂「精穿細著」，並不是追求一時的流行、最新的高跟鞋款式、男女不分的打扮、超緊身的制服，而是找出能彰顯妳個性優點、適合職場環境，且符合妳前程規畫要求的一個一致又非常經典的服裝風格。隨著事業的進展，妳將慢慢發展出透露妳個性與地位的個人穿著風格。此時的目標就是穿著可以讓妳在職場加分的服裝——適合工作環境，且傳遞專業、洗練與值得信賴的形象。

為成功而精穿細著

服裝對事業有正面助益的說法,其實並不新鮮。1961年,約翰‧莫洛伊出版了破天荒的《為成功而穿》(*Dress for Success*)一書,該書的副標是:穿得像個百萬富翁,就真能變成百萬富翁(Dress Like a Million So You Can Make a Million)。他是第一個實際探討穿著能讓高階主管做事更有效率、律師打贏官司、業務員業績攀升,讓任何階層的員工升遷更快且加薪更多的人。

數十年來,「為成功而穿」的思維已經成為職場生活的事實。直到十年前,這種觀念改變了,正式穿著變成落伍的代名詞:網路新貴引進以卡其褲為升官服裝的時代。小甜甜布蘭妮世代的崛起以及如雨後春筍般出現的Y世代(1980-1995年出生者)變成職場的生力軍,使得許多穿著中空裝、肚臍打洞的叛逆年輕人進入出版界與公關公司工作。

今天,工作再度成為一個必須嚴肅對待的事情,而且每個人都必須如此對待工作。這本書將幫助妳找出對妳的事業與人生目標最有用的資產,不只是凱蒂‧柯芮克如何因此提高收視率。在現今的經濟環境下,每天都在打仗,所以妳的服裝配備最好要齊全!

找工作

第一步就是要找到工作。在目前的環境下,這可能是一大挑戰——每個細節都是關鍵。主要的目標就是:穿著得體。打電話給人力資源單位,了解一下該公司的穿著規範為何。研究一下該公司,面試時穿著可以展現該公司價值觀、道德觀與風格的服裝。這不是展現時尚主張的時刻。未來的雇主將從妳展現自我的方式中立即假設妳是否專業、能否犧牲奉獻、可靠與否與個性好不好,所以如何展現妳最好的一面,非常重要。

一路亨通

每個產業都有自己的行話,也就是區別自己人與外人、但不易被察覺的自家語言,同樣情形也出現在穿著規範上。

一旦妳得到這份工作，重點就變成如何找到可讓妳在所有職場情境中得體且經典的服裝：電視製作人可能發現黑色牛仔褲配西裝外套，在時髦之餘，仍能展現權威。華爾街的交易員可能理解到，雖然公司未要求穿套裝，但它卻能讓她在跟客戶會面時，提升自己的形象，且增加專業信賴感。仔細思考妳想要傳達什麼樣的訊息，怎麼說最好。讓訊息明確的意思可能表示妳必須丟掉部分可能造成困惑的單品，即使是妳從大學就戴著的頭帶或者大學時所穿的外套，也必須壯士斷腕。

更上層樓

妳的老闆是怎麼穿的？一旦妳弄懂了產業艱深晦澀的術語之後，接下來的目標就是強化妳的外表，讓它發揮功用，幫妳拿到下一個職位。擔任助理的人如果開始穿套裝，可能會發現自己在主管眼中，變得更能肩負責任、更能獨立作業了。華爾街的高階主管可能會為了讓客戶認為她既功成名就，且跟得上時代潮流，而決定拿時髦的手提袋。同樣的，在這個階段，妳必須評估細節：妳在星期五穿的牛仔褲會不會有損妳平日所建立的權威形象？妳的套裝和鞋子狀況是否良好，即使跟再高一層的主管相比，也毫不遜色？設法選定一組精緻的配色系列，配戴個人化的飾品，可進一步建立妳明確的工作風格。

隨時隨地精穿細著

穿著能為妳善盡代言職責的服裝是一個永續的過程。流行風格會變、年齡會變、身材可能變形、職業也可能會變，所以無論如何，請務必定期評估並留意穿著規範與視覺訊息（visual communications）的細微轉變。每隔一段時間，客觀地檢視自己的衣櫥，站在鏡子前面，好好看看，務必讓妳的職場服裝適如其分、有效的為努力打拚的妳打點出最佳形象！

「不論真實或想像，所有文化都以服裝來展現權力。」

——凱西·紐曼
（Cathy Newman）
《全國地理時尚》（National Geograhpic Fashion）作者
摘錄自《紐約時報》（New York Times）

如何精穿細著
——簡緻流程法

評估、除舊、佈新——掌握簡緻流程法

簡緻流程法（The Chic Simple Process）就是以簡單的三大步驟，讓妳生活的各個層面——從相簿到財務——都能化繁為簡。這三個步驟分別是：1.評估：找一個時間好好想想妳的生活形態所需，以及美感偏好為何； 2.除舊：找出妳已經超越（而且可以丟掉）的東西，還有妳缺少的東西；以及3.佈新：補上比較符合妳目前的目標與心境的東西。妳看，就是這麼簡單！

化簡為繁的流程

1. 評估

評估與調查。必須顧及妳的生活模式以及所擁有的資源。這些是妳必須檢視的兩大關鍵領域。妳所擁有的服裝應該符合妳的生活形態，如此一來，嗒——妳又重新聚焦了。

2. 除舊

除舊與循環。化繁為簡是動詞，也是身體力行。妳必須行動、處理多餘的衣服，用力想想自己真正需要的是什麼，再毫不留情的動手整理。最後，必能讓妳少受痛苦，並節省許多時間與金錢。

3. 佈新

更新與替換。妳想過了自己需要的，丟掉了自己不需要的，現在，該是填補空白的時候了。這表示去瞎拚，還是必須再想一想？學習如何避免重蹈覆轍的智慧。

1. 評估：妳的面試服裝

除非妳是好萊塢的製片助理或剛執業的律師，第一份工作不太可能佔據妳的全部生活。因此，如果妳此時的上班服裝跟穿了一輩子的休閒服一起放在衣櫥中，情有可原。來，第一步：請分為兩類——上班服與休閒服、休閒鞋與包鞋（再次說明，製片助理，請忽略這一條），這樣妳才能從此時此刻開始清楚看到自己未來可能的事業發展潛力。請依照妳整理名片的方法，將衣櫥裡的衣服分門別類，這樣妳才能像找名片打電話一樣，輕易找到需要的衣服。把襯衫放在一起，鞋子放一起，套裝掛在一起。找一個地方放絲巾。妳不會把紙塞到桌子抽屜裡，弄得好像颱風過境一樣，對吧？所以請用同樣的方式對待妳的鞋子。如果妳沒有鞋楦，就買幾個吧！

職場服裝需要特別的保養、嚴格的檢視、用心的照顧，以及策略。當妳開始上班後，就要用同樣的企圖心與組織力，管理妳的職場服裝。

2. 除舊：衣櫃存貨

現在妳可以好好看看妳的衣櫃裡，到底有什麼？丟掉那些妳從去年就沒有穿過的衣服——如果妳在過去一年沒有穿過它，通常代表妳明年也不會穿它。不合身的套裝，請拿去給裁縫修改。鞋子磨損（或因為泡水或其他因素變形），拿去給鞋匠修理或留在雨天通勤的時候穿。最後，丟掉所有太小、過時、或是妳不感興趣（不要覺得不好意思，品味隨時會變）、明天不想穿到辦公室的衣服。

3. 佈新：為衣櫃添新裝

好好檢查一下剩下來的東西。最重要的問題是：少了什麼？妳有套裝，可是配件不夠？有很多圍巾，卻只有一雙好鞋？用一個欄位，列出衣櫃裡所有的東西；下一欄，寫下妳需要為哪些服裝補充可讓它們充分發揮效用的行頭（左邊：裙子；右邊：毛衣組、珍珠、後跟繫帶鞋、膚色絲襪）。右手邊的欄位所列的是妳必須隨身攜帶的採購清單，只要有機會逛街，不知道自己需要買什麼時（衝動性購買，拜拜！），就可以

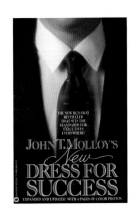

謝謝你，
約翰・莫洛伊

莫洛伊書中一個非常重要的特色就是，以服裝和別人對服裝的反應，來檢測他的理論。他的測試對象包括飯店櫃檯、門房和領班。他透過穿著不同的服裝與顏色的受測對象，得出西裝、風衣，以及襯衫、領帶等打扮的力量。結果證明外表的確重要——尤其對櫃檯接待而言。

拿出來參考。把表中可以搭配一件以上服裝的東西圈起來，逛街時，先買這些東西——因為它們的多元化搭配，可以買得最聰明、最划算！

買得聰明，每件都能穿

像個專家般為自己添購衣物：只買那些具有畫龍點睛效果的新單品；或者，妳至少有兩個可以跟它搭配的衣物。目標就是讓妳的衣櫃裝滿每一件都能派上用場的多功能服裝。

妳是否為前途而穿？

請用下列六個問題來檢查妳的衣櫃，不過，在開始之前，請先拿出筆記本和一枝筆。為什麼？因為所有顧問、財務專家、自我發現的課程或個人訓練都會告訴妳，只有把目標寫下來，隨時檢視，才能真正有所進步。

1. 妳所有的衣服是否都是搭配性很強，而且都能互相搭配？
2. 妳的服裝中是否有一個基本的中性色（neutral color：理論上不屬於暖色系或寒色系的顏色，例如黑色、白色、灰色與棕色）做搭配基礎？
3. 不要說謊——是不是每一件都合身，還是有些應該要修改（或丟掉）？
4. 妳是否每年擬訂職場服裝的採購預算？
5. 妳是否最少有四套套裝可以搭配上班的衣服？
6. 所有妳上班所穿的衣服是否都讓妳感到自在與自信？

揭露職場三大穿著規範
——面試時該穿什麼？

企業正式型
（Corporate）

企業正式型就是長褲套裝、低跟包鞋，加上高品質的皮件，以及可以彰顯專業感的配件。

職場穿著密碼

「我22歲時是CBS電視台的高階主管，」珍·羅森梭（Jane Rosenthal）說。她目前是製作人，也是勞勃·狄尼洛（Robert De Niro）三角洲影展單位（Tribeca Films）的合夥人。「所以，當時還是個小毛頭的我，是電視公司裡最年輕的女性高階主管，我不斷追著流行跑。每個走進我辦公室的人，都會影響我的穿著——我會設法吸收他們穿著的元素。我穿很保守的套裝，因為我覺得自己必須如此，還穿受人尊敬的低跟包鞋。某天，我不小心擦上紅色指甲油，接著就注意到很多人在我說話時，瞪著我的紅色手指頭看。我就是這樣才明白原來有些東西是我不應該穿戴的。」

穿著規範令人難以捉摸，幾乎沒有可以快速掌握的捷徑，而且企業正式型與休閒型也經常在變。探索這些剪裁方面的細微變化，可能讓人感到沮喪，但妳只要了解下列三種基本的職場服裝類型，應該就八九不離十了。

企業正式型穿著規範

在企業環境中，例如律師事務所與財務機構，套裝是標準的制服。

女性，就跟男性同事一樣，通常必須穿套裝。坐在座位上時，可以穿毛衣配裙子或襯衫配裙子，但外套務必要放在唾手可得之處，一有需要，馬上就能穿上。套裝下面可以穿女版襯衫（blouse：款式比較有變化、有女人味的襯衫）、俐落的棉質襯衫（shirt：款式跟男人襯衫一樣的襯衫）、針織毛衣或無袖上衣。其他穿著要求嚴格的公司規定是：必須穿絲襪；鞋子必須是包鞋，鞋跟高度從低到中。

工作得體型穿著規範

工作得體型
（Business Appropriate）

有專業感，但是比較輕鬆，這個裝扮需要搭配看起來舒服乾淨的手提袋和鞋子。

　　工作得體型的世界剛好介於企業正式型與休閒型之間。在這個世界中，套裝並非絕對，不過所有服裝都必須能夠增添個人光采，且合宜得體：裙子與女版襯衫或兩件式毛衣組合都必須搭配高跟鞋或靴子；合身的長褲搭配套頭高領與短外套。

休閒型穿著規範

休閒型（Casual）

當套裝配上T恤和慢跑鞋之後，就會變得權威又有型。

　　休閒型的座右銘是：不要穿外套。這個最輕鬆的穿著規範是許多企業採納的週五穿著（把數以千計在眾多選擇中迷失的律師和投資銀行家送到「我沒穿套裝迷失中」（I'm Lost without My Suit）的座談會上，無所不用其極地索求時尚的慰藉）。休閒型的穿著其實跟它的定義完全不同——休閒並不表示處於時尚無政府狀態。事實上，外表看起來越輕鬆，就越需要遵守特定的規則：衣服必須燙得平整，也必須完美無瑕。把比較休閒的單品搭配比較傳統的上班服裝——燙的平整的卡其褲配經典的白襯衫；休閒裙搭配兩件式毛衣；乾淨合身的深色牛仔褲（只有特定的辦公室允許如此穿著）配短外套。不可以穿無袖背心和印有樂團圖案的T恤，也不可以穿太短、太緊、太透明的衣服——這些衣服，即使在休閒型的穿著規範中都不夠專業。不論何時何地，都必須得體合宜。

穿著規範的例外狀況

　　只有極少數的企業穿著規範非常嚴密，不容絲毫的變化。有時候，

妳可能面臨必須從標準的穿著密碼中因應實際情況做變化。即使是精於穿著的專家也會馬前失蹄：「最近我穿一件麂皮外套，配喀什米爾毛衣和長褲去參加一個會議，」精於穿著打扮的《旅遊&休閒》（*Travel & Leisure*）雜誌總編輯南西‧諾佛葛德（Nancy Norvogrod）說。「那是個有線電視公司的會議，我以為大家應該都不會穿得很正式，可是我很驚訝的發現他們都不是這麼穿。我穿得太隨便了，覺得非常不好意思。」

其他專業人士則是遊走在各種穿著規範之間的時髦者。一位電影業高階主管有一次和老闆與一夥人在當年最冷的一天參加學位授予典禮。當天她穿牛仔褲、長內搭、上面再穿上North Face與Patagonia兩大運動服品牌的外衣，下面穿內附保暖包的牛皮加小羊皮的靴子。隔週，她在參加下一部影片的財務會議時，則穿著皮褲搭配俐落的短外套。

妳的穿著規範

每個辦公室都有自己的服裝怪癖和不成文的規定——牛仔褲必須搭配短外套；開會時一定要穿套裝；膝蓋以上的裙子不夠專業等。只要妳細心留意，這些錯綜複雜的內部資訊將變得再明顯不過！

不論企業穿著規範為何，假以時日，妳必定能夠明白，且以能反映妳個性、職位與事業目標的方式來解讀。如果妳在一個穿著要求為企業正式型的公司上班：請問妳是否屬於穿直條紋的那一型？妳會不會對淺粉紅色不可自拔，或者對代表權力的紅色有股狂熱？養成自己的個人職場風格是一輩子的事情，妳爬得越高，就越能在穿著中加入個人品味。直到那時，只要妳無法確定該穿什麼，就請堅守經典穿著的陣營。

研究產業穿著規範

要了解企業對妳期待的穿著為何，需要做研究。首先，讓自己熟悉即將接受面試的企業有何規定。檢視一下他們的網站，然後打個電話給該公司的人力資源部門，請教該公司的特定穿著規範。新的辦公室代表許多的未知事項——若能熟悉基本的穿著要求，將讓妳馬上感到有自信，且有安全感。

「我從來沒有聽到有男人尋求兼顧婚姻與事業的建議。」

──葛洛麗雅‧史坦能（Gloria Steinem）

*MS*雜誌創辦人

目標群體——展現自我

在組合妳的視覺效果時，很重要的一點是：務必考慮觀眾是誰。

「科羅拉多州是一個很休閒的地方，」前國會議員派特‧史柯洛德（Pat Schroeder：1973-1997年科羅拉多州選出的眾議員）說。「所以我在做競選活動時，通常穿洋裝，有時候會穿襯衫配裙子。事實上，如果妳穿著套裝出現，他們很可能會把妳當做飯店門房。」然而，如果希拉蕊‧柯林頓（Hillary Clinton）在競選紐約州參議員時，沒有穿套裝，她的潛在選民則可能會認定她不夠認真看待這份工作。

一個在《紐約時報》（New York Times）做編輯的新人，卡其褲配羊毛衣，算是得體的穿著。紐約巴尼百貨公司（Braneys）的首席採購、公關代表或eBay的執行長，就不能如此穿。

請隨時留意妳所面對的觀眾是誰、環境為何，以及穿著規範中沒有明說的細微之處。迷死人的超細高跟鞋在MTV中也許看來火紅，不過對銀行從業人員而言，粉紅色的平底便鞋就夠嗆了。

投資自己最划算

如果妳不在自己身上投資，
別人為什麼要投資妳？

我的面試行頭投資

妳即將在自己身上投資，好獲得妳想要的工作。真心話：要賺錢，就必須花錢。這個工作對妳有何價值？想想看自己正處於事業路徑的哪個位置。為第一份工作而做的明智置裝投資，跟之後為某個重要職位而投資的需求，截然不同。現在，請好好評估，找出妳需要且負擔得起的東西。請填寫下列表格（成本上盡妳所能的揣測），然後在上面簽名。這是妳對自己的承諾。

我需要購買一件（什麼顏色）＿＿＿＿套裝，好讓我自己在面試中有更好的表現。為了完成我面試時的整體穿著，我也需要（多少件）＿＿＿＿上衣、一雙黑色鞋子、皮包、（多少雙）＿＿＿＿褲襪。我預估所有的成本如下：

套裝 ＿＿＿＿＿＿＿　　　　皮包 ＿＿＿＿＿＿＿
上衣 ＿＿＿＿＿＿＿　　　　鞋子 ＿＿＿＿＿＿＿
上衣 ＿＿＿＿＿＿＿　　　　絲襪 ＿＿＿＿＿＿＿
上衣 ＿＿＿＿＿＿＿　　　　其他 ＿＿＿＿＿＿＿
上衣 ＿＿＿＿＿＿＿　　　　加總 ＿＿＿＿＿＿＿

在我工作的第一年，我將賺（第一年的大約薪水所得）$ ＿＿＿＿＿＿＿；減掉我將花在衣服（服裝投資）上的 $ ＿＿＿＿＿＿＿ 等於 $ ＿＿＿＿＿＿＿。這是我的ROI（投資報酬率：Return On Investment）。

妳的姓名 ＿＿＿＿＿＿＿＿＿＿
恭喜，現在可以去瞎拼了！

行有行規

如何得知隱藏在各行各業穿著規範內的精細微妙之處與象徵意義，其實沒有任何一本書可以說得清楚。我們做了一些研究——訪談各個領域的專業人士與人力資源主管——好找出在每個特定專業中的經典風格指導原則。基本原則：面試時，穿著保守，在得到那份工作後，保持警覺。每個辦公室都有獨特的文化與伴隨的時尚俚語。

誰穿什麼去上班

解讀產業穿著密碼

學術界

「很悠閒、非常像學生。我知道學術界的所有層面，」以前任職大學負責核發入學許可，目前離開學校、開設自己的大專入學指導機構的卡洛·吉爾（Carol Gill）說。不論是學生會會長或終身職的教授，學術界的穿著規範都一樣：工作休閒型。這表示合身、可以見人，有權威但又和藹可親的單品。地理環境以及在部分狀況下，有些學校的特性會左右實際的解讀。位於紐約市上城的哥倫比亞大學生物學教授可能會穿得跟位於新漢普夏州（New Hampshire，位於美國東北部）達特茅茲大學的同儕截然不同。不論何者，傳達的訊息都一樣：「我的穿著是為了激發自信，」吉爾說。「讓別人知道我很專業、不是菜鳥。」

顧問業

顧問的穿著應該讓她的客戶感到具有專業權威。一般而言，這表示要穿套裝。穿著專業對於那些給予建議的人還有一個重要的目的：讓花錢找外面專家的公司覺得錢花的值得。

零售業

旗下擁有Tahari等時尚品牌的服裝製造業者Garfield & Marks公司執行長嬌安·蘭潔（Joanne Langer）說：「我什麼都穿，從套裝到毛衣到寬鬆便褲（slack），」她說。「如果我需要看起來非常像主管，就會穿代表權力的套裝。如果我正在討論策略，想要每個人都參與其中，就會穿著顯得比較可親的毛衣與寬鬆便褲。」

零售業務人員的外表應該代表她所銷售的商品以及客戶的水準。在Gap銷售卡其褲的人所穿的衣服絕對跟在高檔百貨公司Saks販賣設計師品牌運動服的同業不同。「妳的外表決定了妳想要溝通的對象之回應，」蘭潔說。「如果一個銷售人員嘴裡說：『這套套裝很經典、很美，』可是她的頭髮卻是藍色、還穿鼻環時，顧客心裡一定會想：『妳怎麼可能會知道？』」

服務業

服務業從業人員，如：飯店經理、餐廳員工等，通常需要穿制服。否則，至少要穿俐落、燙得筆挺、依據職位、且符合休閒型或工作得體型範圍、上得了檯面的衣服。

廣告業

跟許多創意媒體界一樣，廣告業的穿著規範比較屬於企業創意型（corporate creative）。對新進員工而言，這表示只要現在流行，什麼都可以穿——低腰褲或淑女洋裝都可以。「因為這是一個創意的環境，比那些財星500大企業更能接受這些衣服，」華威葛瑞廣告公司（Grey Advertising）副總裁兼人力資源總監貝絲·席爾佛（Beth Silver）說。中階員工則在企業休閒型與工作得體型之間自由遊走。「妳會看到Ann Taylor的風格；我也看過許多人穿皮衣、配一件紫色麂皮裙，再搭三到四條長長的金鍊子，」她說。高階主管的穿著面貌也有類似的多樣變化，從非常高檔的時尚名牌亞曼尼（Armani）到漫不經心的牛仔褲都有。明確的說，公司或特定的客戶越保守，廣告公司人員的穿著就越保守。

金融業

雖然以前的規範是裙子套裝、絲襪與高跟鞋，不過這幾年來，投資銀行業與其他金融業者都稍微放鬆了穿著規定。「長褲套裝不錯，」高盛銀行前主管且是Artemis Capital公司創辦合夥人之一的安妮·布朗（Annie Brown）說。投資銀行家與金融業者喜歡展現權力的形象，以及為客戶賺錢的能力，所以工作得體型的形象很重要。在紐約，套裝或接近的形象都可以。不過，地點

決定一切。布朗在舊金山開設自己的投資公司。在那個地方「寬鬆便褲和短外套、加一件毛衣或絲質襯衫的打扮很常見，好像沒有人穿絲襪，妳可以穿平底鞋或高跟鞋。妳的確會看到有些人穿裙子，不過並非正式的職場裙子。如果有人要開會，外表可能會比較偏向穿套裝。不過，一般而言，那裡的人穿著比較休閒。」

醫藥業

「有些政策形容醫藥界的服裝規範是『有品味且專業』，」雷諾克斯山丘醫院（Lenox Hill Hospital）與曼哈坦眼耳鼻喉醫院（Manhattan Eye, Ear, and Throat Hospital）人力資源助理總監潘·塔如莉（Pam Tarulli）說。「這個意思就是不可以穿低胸絲質襯衫、緊身上衣、長度在膝蓋以上的短裙——還有，沒錯，我們真的會給一個實際的數字做為衡量標準。」自己開診所的皮膚科醫生法蘭西絲卡·傅士科（Francesca Fusco）可以想穿什麼就穿什麼，不過，她的穿著哲學卻非常接近塔如莉，因為「人們因為妳是權威來找妳，所以妳必須看起來很有權威，」傅士科說。「我不會配戴很多珠寶。我的指甲長度中等，做成法式指甲的樣子，沒有亮晶晶的東西，也沒有紅色。而且我喜歡隨時隨地都穿著白袍，下面則穿套裝、長褲或洋裝。不過，如果我穿的衣服搭配高跟麂皮靴會很好看時，我就會穿靴子。」雖然美國法律明文禁止企業因為外表而對員工有差別待遇，不過，在大公司工作的人在享受這個自由時，可得謹慎。「我們在某家醫院有位女員工頭髮染成鮮艷的泥紅色。她是抽血技術最好的一個，可是大家都因為她的髮色而對她敬而遠之，尤其是年紀大的。」

法律業

「直到最近，我都認為穿褲裝到地方檢察官的辦公室不太好，當然更不可能穿到法庭上，」紐約地方檢察官性犯罪部門主管琳達·費爾絲坦（Linda Fairstein）說。「那時我認為這樣穿不夠專業。」法律與金融兩界向來被視為超正式職場服裝的最後堡壘，不過近幾年來，過去嚴苛的指導原則也都紛紛鬆綁。在大都會地區，套裝是必要的，雖然現在長褲很常見，不過一定得穿包鞋，而且一定要穿絲襪。這些與其他特定狀況——包括裙子長度、週五的穿著、出庭的服裝等，每個律師事務所都有自己嚴格規定。小鎮律師的穿著規範則依照承接個案的性質而定。「我曾經穿皮褲上法庭，只不過沒有在陪審團面前，」羅德島律師麗姿·季謝德（Lise Gescheidt）說。「海灘周邊地區的穿著比較休閒。律師在夏天不必穿襪子；大家的頭髮都溼答答的。妳必須配合對象來穿著打扮。如果妳太光鮮亮麗，大家可能會認為妳過度殷勤或態度高傲，對妳完全沒有幫助。」

媒體業

媒體業的工作，例如電視、影片製作、雜誌出版等，通常能激發員工職場穿著的創意。解讀就是：穿有特色的套裝。「好萊塢簡直就是一個小男生俱樂部，前CBS高階主管與勞勃·狄尼洛三角洲影展單位的合夥人珍·羅森梭說。「一方面我要得到那些進來推銷影片的人的尊敬——也就是說穿套裝——不過，總是會有一點點的不一樣。我會穿著有蕾絲邊，或戴珍珠配衣服。這是一個充滿創意的環境，如果妳穿的百分之百正式，他們會覺得妳有點奇怪。」大部分的媒體工作者會

遵守這個想法：新進製作助理往往會穿帶點嬉皮味道的工作得體型服裝（特別註明製片助理與其他處理了不起瑣碎工作的一般工作人員：牛仔褲和Dockers鞋是時尚必要品）。不過，職位越往上升，穿著規範中的「創意」成分就越低。例如派拉蒙影業（Paramount）執行長雪莉·蘭欣（Sherri Lansing）的套裝就看不到皮衣與蕾絲的蹤影。

有一個值得注意的例外是：雜誌的總編輯總是被期待要帶點時尚感，編輯與助理們通常都穿套裝。雜誌的穿著規範傾向工作休閒型到工作得體型之間，通常再加上一點最新的流行時尚。

圖書編輯則幾乎不可能穿上最新時尚的流行衣物，她們的穿著通常介於工作休閒型與工作得體型之間。圖書出版社的行銷人員則在經典與流行之間遊走，有個人風格的工作得體型服裝是最常見的制服。

房地產業

曼哈頓房地產業仲介蘇珊·潘瑟（Susan Penzer）的穿著跟該行業所有的成功女性一樣：能夠引起客戶共鳴的服裝。「我會穿皮褲、一件Paul Smith的牛仔外套、戴Ted Muehling耳環、拿不錯的手提袋。我有很多時尚界的客戶、導演與攝影師——他們覺得我看起來跟他們很像，感覺跟我是一掛的。」不過，就如同大家說的，地點決定一切。相反的，一個在芝加哥從事房地產仲介的人就可能會穿五顏六色的套裝、戴金色的珠寶，還有保守的高跟鞋。

公關業

「有些公司會到公關業者這裡找創意與刺激，」曼哈頓的凱普羅傳播（Kaplow Communications）總裁莉姿·凱普羅（Liz Kaplow）說。「我們必須從服裝開始就滿足客戶的一些期待。」對凱普羅而言，這表示套裝必須有時尚感。對那些不是位居高階公關主管的員工，甚至有更大的自由表達時尚的空間。然而，不論職位高低，有一個原則是永遠都適用的：客戶的本質會影響穿著規範。「如果妳跟一個穿著規範非常正式企業型的客戶開會，」凱普羅說：「最好事先掌握足夠資訊，好好整理外表，變得比較保守一點。」

建築業

建築業的穿著規範類似廣告業。「不可以穿牛仔褲、球鞋、T恤，雖然休閒卻必須整齊，」在Fox & Fowle公司擔任行銷經裡的妮娜·布蘭絲菲爾德（Nina Bransfield）說，而且經常必須穿得有創意。「不過，不論妳到任何性質的客戶那邊去開會，永遠都必須穿著工作得體型的服裝。」解讀：套裝。就跟其他產業一樣，公司的規模越大，穿著往往就越保守。

會計業

「我個人通常五天裡會有四天穿套裝，」曼哈頓會計公司高階主管珊卓·考夫曼（Sandra Kaufman）說。「我並沒有一直這樣穿，不過，因為我們的工作就是給客戶建議，而且我發現，如果妳穿著得體，就比較容易得到對方的尊敬。」一般而言，會計業高階主管的穿著傾向企業正式型。不過擔任其他會計職位的員工，例如簿記、中階會計師、助理等，「就穿得比較休閒。」考夫曼說。規模較小的會計業者可能比較傾向企業休閒型，而較大的業者則穿著專業，也就是工作得體型。

網路業

「網路業已經進化成另外一個媒體，所以它的穿著規範跟媒體業一樣，」國際數位藝術與科學學會（International Academy of Digital Arts and Sciences）創辦人暨號稱網路界奧斯卡獎的Webby Awards執行長瑪雅·瑞欣（Maya Draisin）說。「他們的風格有點前衛時髦，有更多的個人特質。」雖然什麼都可以穿，仍然是網路公司的穿著原則，不過寬鬆的卡其長褲已經逐漸被最新流行的時尚與科技新貴的形象取代。「妳會看到高跟鞋，但並非保守的低跟平底鞋——而是跟比較厚的露趾鞋，」瑞欣說。「有一個女人面試時穿著傳統的套裝，讓我幾乎不想雇用她，因為看起來跟我們的穿著如此格格不入。」

穿更好，花更少
——衣櫃經濟學

為求職面試而穿

　　面試中無法看出一個人是否精力充沛、工作態度是否正確，不過，合身的套裝、整齊的頭髮與亮晶晶的鞋子，卻能道出這一切。

逢三必大

為了讓妳的服裝花揮最大的價值與搭配性，買一件套裝的外套，加上搭配的長褲與裙子。

　　妳費盡千辛萬苦終於拿到了大學學位，磨練好工作技能，而且拚命地找關係。此時如果外表不夠傑出，可能就會前功盡棄。視覺效果的微妙影響是一個不爭的心理事實，如同我們之前討論過的，這是一個可以讓行銷人員花上數以億計金錢的東西。妳的外表必須能夠代表妳的產品——妳的能力與專業度。妳的外表跟履歷上天花亂墜的經歷不同，就是每天可以清楚看到的臉。其他應徵者非常留意她們的穿著，妳沒有忽略穿著的權利。

自我投資

　　以穿著來展現自己的潛力，需要花錢。妳最初的職場服裝應該比參加高中舞會的禮服還要貴一點、比妳的結婚禮服還少一點。不過，報酬呢？感謝老天，絕對跟後者的投資報酬相當。妳一直在投資妳的信心展現、價值觀與外在包裝，在跟別人展現妳的內在，這些無時無刻都在暗示妳的能力與價值。便宜的套裝會讓別人對妳留下沒有安全感、焦慮和

能力較差的印象。一套好的套裝，合身講究的剪裁，配上正確的鞋子與袋子，必定能讓妳感到自信、得體，且躍躍欲試。妳花錢是為了讓自己有說服力與尊嚴、自在與自尊，更為了讓自己可以享有在面試時不受身上所穿衣服的影響，專心打好面試這一役。

服裝的成本、踏實的期待

一旦妳相信外表的力量，純粹的野心可能會讓妳直奔亞曼尼的門市。然後，現實開始切入。此時此刻是妳一生中最沒有錢的時候，可是卻要製造最好的印象。另一個讓人震驚的是，妳可以用更實際的預算得到同樣得體的專業形象。妳必須知道如何買、買什麼，應該把錢花在哪裡，還有什麼東西是可以省略的。

精挑細選　品質＝價值

買一個好用的聰明衣櫃的目的是要讓妳從錢包裡拿出最少的錢，可是務必記住的一個關鍵因素是：東西的品質越好，對妳的形象助力就越大，且越耐用。

「我20幾歲剛開始工作的時候，會到二手店花20美元買一套很優雅的套裝，」出版公司高階主管茱迪絲・雷根（Judith Regan）說。「這些衣服大概只穿了一年，可能是某個有錢的女人曾經穿過，只是後來不喜歡或是某個設計師的庫存品。這些衣服的布料品質都很好，我那時真的穿得很開心——而且，都在我的預算之內。」

購買高品質且負擔得起的服裝的第一步就是先到百貨公司設計師的樓層逛逛，評估一下它們的剪裁、布料、品質與款式。亞曼尼的套裝剪裁如何？羅夫羅蘭使用什麼布料？試穿一下卡文克萊（Calvin Klein）的長褲套裝，看看合不合身？等到妳熟悉了高品質服裝的細節，就直奔比較負擔得起的品牌，找找看有沒有品質非常接近頂級品牌的衣服。

衣櫃經濟學──ROI（投資報酬率）

　　精穿細著的意思就是仔細選擇妳打算花最多錢的單品為何。基本原則：請買經典、而非一時流行的單品，而且品質必須好到可以讓妳穿一輩子。

　　把最多的預算保留給套裝。它必須布料好──羊毛或羊毛混紡都永不褪時、經年耐穿，而且搭配多樣化。選擇線條簡潔、經典，而且可以輕易跟妳衣櫃中其他單品搭配的中性色（黑色幾乎是百搭）套裝。講求合身剪裁之際，務必考慮成本因素。搭配套裝的單品，如手提袋、鞋子等，妳可能比較負擔得起。畢竟，莎朗‧史東（Sharon Stone）也會在昂貴的燕尾服套裝（tuxedo suit：仿效男人燕尾服款式的女版燕尾服）之下搭配Gap的T恤去參加奧斯卡頒獎典禮，而且還引起騷動！

「在準備戰爭時，我總是發現計畫（plan）沒有用，可是規畫（planning）卻不可少。」

──艾森豪
（Dwight D. Eisenhower）

瞎拚有計畫

- 穿著要得體。
- 帶著一張經過詳細考慮的需求單品清單去血拚。
- 搭配性強的套裝應該是妳第一個購買的單品，其他單品都必須可以跟這個核心套裝搭配。
- 精挑細買要花時間與努力。不要等到午餐時間或面試的前一天再買，因為它可能需要花幾天的時間尋找，加上找裁縫修改的時間。
- 購買任何單品之前，務必確定它是否經典、搭配性強、合身，而且適合妳的體型。顏色與款式應該適合職場需求（不可以亮晶晶，也不可以穿迷妳裙），而且可以配得上妳其他職場的專業服裝，布料與做工的品質也應該要很好。
- 不要買沒有試穿過的衣服。
- 如果有件衣服穿起來合身，卻不是妳常穿的尺碼，不要失望：每個牌子的尺碼大小都不同。

現在，妳想買什麼？
——購買面試的服裝

再度感謝約翰·莫洛伊

穿著白襯衫的男人會被視為工作能力較強且誠實……

《為成功而穿》，1976

（穿白襯衫的男人）被認為比穿其他顏色的男人聰明、誠實、成功，且有權力。

《為成功而穿》，1988

面試衣櫃——成功的工具

第一次跟面試者見面時，妳希望留下什麼樣的印象？如果妳想說：我很漂亮，就請妳穿著最喜歡的鑲花邊襯衫。如果妳想說：我很輕鬆，那麼就穿著妳大學時最喜歡的Ｖ領毛衣。如果妳想說：我比其他應徵這個職位的人更有能力、更可靠，而且更專業，也就是說，如果妳想得到這個工作，那麼第一個步驟就是：投資一套套裝。

套裝俐落的線條與極具權威感的架式，表達出來的就是權力、值得信賴，且獨立自主。而且妳的心裡，也會跟外表看起來一樣有自信。妳的面試套裝與所有搭配的東西，就是妳通往成功道路的第一個踏板。如何找到適當的套裝並不容易，妳的使命就是：準備買一套面試套裝和搭配它的所有職場配備。

面試套裝是什麼？

不論妳是剛開始工作或是一個想要轉換跑道的執行長，妳的面試套裝必須傳達出自信，稱職地傳遞「我具備所有條件」的權威感。深色、單一顏色（不要有圖案），而且剪裁經典，亦即線條必須乾淨、簡單，如此妳才能輕鬆建立完整的職場服裝組合。隨時必須看起來聰明的要求，不會因為面試結束就用不著了——職場食物鏈的上方總是人上有人，這表示永遠有一個是妳必須在他／她面前展示自己聰明才幹的人。

精挑細選

就把這一套當做通往光明前途的小套裝吧！妳的面試套裝將是日後建構職場衣櫃的基礎，而且可能必須經常穿著。這一章就是在詳細告訴妳如何挑選優質的面試套裝：如何讓合身的剪裁與優質的布料傳遞妳必定稱職的訊息；如何讓中性色的搭配彈性發揮到極致；如何利用時間，選擇款式經典、剪裁又得體的套裝，讓妳的錢花得物超所值。

如何購買面試服裝

上上之選：分開購買合身套裝的上下單品

多年前，定位相當於美國梅西百貨公司（Macy's）的英國零售業者瑪莎百貨（Marks & Spencer）有一個驚人的大發現——男人的身材比例並不完全相同。有些人肩膀比較寬，臀部比較窄；有些人則是常見的肩膀窄、臀部寬的體型。因為這個前所未有的發現，瑪莎於是推廣西裝上下身分開購買的觀念：不論尺碼是否相同，都要購買腰身符合的長褲和肩膀符合的外套。這個觀念對女性助益更大，讓女人在尺碼和款式的選擇上，有更大的彈性。以下就是職場衣櫃中常見的套裝單品搭配組合。

該留意的細節

顏色：中性色搭配性很強，而且具有專業感。黑色知性有氣質、全年都適合，可以盛裝，也可以輕裝。黑色、深藍色（navy blue）與淺褐色（beige）則傳遞稱職的訊息，且容易跟其他服裝搭配。不過，請特別注意棕色：它有季節性，可能看起來髒髒的（而非一絲不苟），而且往往無法跟其他顏色搭配。

布料：布料越沒有季節之分，就越實穿。1. 請選擇質輕的羊毛或四季皆宜的羊毛混紡。2. 如果能加上一點萊卡、化學纖維或其他微細纖維（microfiber：一種化學纖維，纖維絲小於一丹尼。用微纖維做成的布料柔軟又不易變形）的材質可讓衣服不會變形，而且比較耐穿。3. 第一套套裝不要買針織、緊身彈性和表面有突起的斜紋毛料材質。它們看起來太休閒，而且比較不容易跟其他職場服裝搭配。4. 購買前，先檢查皺摺度：用手抓一把布料再放開。如果布料看起來皺巴巴，表示在妳長途通勤之後，衣服就是會變成這個樣子。5. 不要買緊貼在身上的布料（部分彈性緊身布和針織布），以及任何會產生靜電的衣服，因為不管妳噴再多東西，都不可能消除。6. 長褲和裙子的布料下一定要加襯裡。如果從後面照鏡子發現有內褲的痕跡，換一套——或買一件丁字褲！

合身度：合身的剪裁是必要條件——魔鬼都在細節裡，可以讓妳的套裝從邋遢的代表變身為權力的象

徵。不過，在找裁縫師之前，務必先檢查幾個細節：1.把外套的鈕釦扣起來，看看好不好看？妳的手臂可不可以自由的移動？胸部、肩膀和腋下的縫線是不是平整、沒有鼓起來？2.肩膀不可以太圓、太尖或太方。它們不應該太有個性，有個性的，應該是妳。3.把長褲的釦子扣起來，找一個三面鏡，看看有沒有露出內褲的痕跡？後面看起來會不會太緊？褲襠貼不貼，還是太低？裁縫師是很好的幫手，不過，太鬆、太寬的褲襠是無法修改的。不合身的腰線可以改小，必要時，甚至可以拿掉。坐下來，覺得舒服嗎？長褲會不會卡住？裙子會不會變得太短？還有，買長褲或找裁縫時，務必帶著妳要搭配長褲的鞋子，才能確認理想的褲長。

品質／收工：1.仔細檢查布料，看看有沒有不自然的漩渦或皺摺，這些通常是因為布料不好或做工太粗糙的結果。2.兩邊的墊肩要平整、等高，而且肩線前後從頭到尾、從前到後，都必須平整。3.鈕釦應該縫得很牢固，間隔平均，沒有鬆脫的縫線。4.檢查接縫，看看會不會縫得太鬆或不平整。5.內裡應該是有光澤、可讓身體輕鬆移動的緞面布料。

精挑細買：襯衫

- 布料不可以透明到可以看到內衣或身體部位。
- 領子不要過大或過小。一般領子應該從領尖量起2.5英吋寬左右。
- 鈕釦應該是骨頭、珠母貝或動物角的材質。
- 領子與袖子不要有花邊，因為會在外套下顯得鼓鼓的。

- 長度必須長到可以塞進褲子或裙子內，不過也不要過長，以免不舒服。
- 袖口的鈕釦扣起來時，手臂應該還能自由移動。

合身度：不應該太寬鬆，但也絕對不能太緊，胸線、胸部或乳頭絕對不能明顯看到。純棉是最實穿的布料，而且有各種等級和觸感可以選擇：

- 埃及棉（Egyptian）：光滑、像絲緞般，價格最貴。
- 皮瑪棉（Pima）：強韌，光滑如絲緞。
- 海島棉（Sea Island）：強韌且有光澤。
- 牛津布（Oxford cloth）：男人襯衫用布，以交叉編織的方法做成，看起來比較休閒運動風。

絲質比棉質看起來更隆重、正式。

精挑細買：鞋子

舒適度：工作鞋指的不是炫耀用的細高跟鞋。一定得花功夫，找一雙鞋跟高度和款式方便走路的鞋子。絕對不要買穿起來覺得很緊的鞋子，要在傍晚或晚上去買鞋子，因為那時妳的腳會有點脹大。另外，沒有後跟的便鞋和露趾鞋，都不適合穿到職場。

品質：千萬不要忽略品質，但妳也不需要去搶銀行。選擇設計經典的深色皮革鞋款：黑色幾乎是百搭聖品。

- 不要穿鞋面有明顯縫線的鞋子；縫線會讓整雙鞋子顯得很廉價。
- 檢查鞋子的收工。邊緣是否平滑、沒有磨損，皮質應該柔軟，不僵硬。
- 鞋跟的顏色必須跟鞋子相同——不可以用金屬材質、對比或較淺

的顏色、厚底高跟。

款式：

- 較低的鞋面（或鞋子的頂端）有拉長腳的效果；高鞋面則會讓腳看起來比較短。不過，鞋面也不能低到看到腳趾縫。
- 低鞋面、中等高度的窄鞋跟包鞋，穿起來最好看。
- 鞋跟的形狀通常會透露所屬的年代，請選擇不過於厚重或太時髦、整齊的鞋跟。
- 黑色、鞋跟稍微有點弧度的包鞋（pump）既適合正式的工作場所，也適合盛裝的商業晚餐場合。

保養：

- 用木製鞋楦保持鞋子的形狀。
- 經常擦拭。
- 在鞋子穿壞之前，就更換鞋跟或鞋墊。
- 如果鞋子被雨淋濕，裡面塞報紙讓它變乾，並保持鞋子的形狀。
- 鞋子如果沾到鹽，必須在8個小時內擦拭乾淨，否則鞋子就會氧化。超過8小時，可以用稀釋的白醋擦拭毀損部位。

精挑細買：絲襪

- 透明質料比不透明的正式，不過比較容易毀損，所以購買便宜的牌子就可以了。辦公桌的抽屜裡，務必擺一雙備用，以防萬一。
- 購買膚色絲襪時，請用內側手臂測試顏色，因為它最接近妳腿部的膚色。
- 絲襪可以比鞋子顏色淺，千萬不可以比鞋子顏色深。鞋子可以比洋裝或裙子顏色深，不可以比兩者淺。
- 不確定時，裙子、絲襪與鞋子的

顏色就盡量相同——對比越低，整體看起來就越修長。

- 穿透明黑色絲襪時，務必讓整條腿的絲襪顏色分佈均勻。
- 深色不透明絲襪最好在冬天時節穿，可讓腿看起來細一點，通常是搭配休閒服裝。
- 鞋子的款式越休閒，絲襪就越不透明。鞋子的款式越正式，絲襪就越透明。
- 有各種吊襪帶可供選擇——從運動風的緊身束腹型到整件式的彈性緊身褲，都在其中。
- 腳趾頭和腳跟部位有特別加強可以讓襪子更耐穿（不過，穿露趾鞋時，要小心不要露出來）。

襪子：

- 顏色應該搭配整個服裝的顏色，呼應長褲或鞋子的顏色。
- 襪子收口應該夠高，即使坐下來，不會看到襪子和長褲之間露出一截肉。
- 購買基本襪子單品時，同樣得多買幾雙，以防萬一掉了一隻。
- 不要烘乾襪子（或褲襪），因為熱氣會破壞彈性。

精挑細買：皮包

黑色最具權威感，而且容易搭配。
材質：皮件較有質感。表面光滑的比較洗鍊，而且比表皮粗糙的好搭配。
款式：經典至上。如果有任何配件，盡量低調，而且不可以有印花或任何多餘的細節。
實用性：

- 檢查方便收納的隔層和拉鍊內袋。在鼓脹的大包包中撈東西，會讓妳看起來沒有大腦。
- 縫線應該加滾邊或特別加強，才能承受重量。

- 背帶應該兩邊滾邊，而且沒有多餘的線頭。
- 盡可能買妳能力所及最好的皮包。一個品質好的皮包會讓妳看起來有教養且耐用，很久才需要找人修理。便宜的皮包很快就用壞了。
- 價格不必等於品質。通常妳買的，不過是一個設計師的名字。檢查做工是否夠細、夠好，縫線牢不牢固，拉鍊順不順，還有開口是否密合。
- 皮包的大小應該配合妳的骨架。
- 皮包和鞋子不一定要配成雙，雖然兩者的確應該要能彼此搭配。

精挑細買：珠寶

上班戴的珠寶應該簡單，且盡量少。妳可能想要建立自己的個人風格，例如每天都戴相同的珍珠項鍊。不論妳想要塑造的形象為何，品質都應該要好，不要趕時髦，而且要低調。項鍊戴一條即可，而且鉤子務必簡樸。

珍珠：

- 珍珠天生就是有機的，必須要配戴，才能保持光澤，不過很容易因為香水而受損。
- 真正的珍珠項鍊上每顆珍珠之間最好打個結，以免鍊子斷掉時滿地亂滾。
- 能夠讓人將焦點放在妳的臉，而不是胸部的最佳長度是：
短項鍊（choker）：14-16英吋（約35-40公分）長。這是最經典的長度，而且搭配性最大，幾乎是合所有領型，而且不論休閒或正式皆可。
公主長鍊（Princess）：17-19英吋（約41-48公分）長。這個長度最適合圓領、高領和低領口

（千萬不可以在辦公室這樣穿）。

- 優質的人造珍珠比劣質的養殖珍珠好。記住：珍珠的形狀應該是圓的。
- 人造珍珠是由貝殼珍珠層顆粒或乳白色玻璃加上溶解的魚鱗萃取液或其他會發光的物質做成的。而且跟以前不同的是，現在人造珍珠的質地摸起來跟真的珍珠幾乎相同，而且不容易破。
- 養殖珍珠的品質是由珍珠的「光澤」來決定，也就是從珍珠裡面散發出來的彩虹光芒（orient，是由層層相疊的貝殼珍珠層形成的），還有大小、珍珠層的厚度、澄淨度與顏色。
- 要確認珍珠的真偽，可以輕輕的在牙齒上摩擦。如果是真的，就會有點沙沙的，不像人造珍珠那樣平滑。

黃金：黃金的純度越高，就越貴。純金（24K）太軟，所以無法用來做珠寶。14K的黃金是做珠寶的標準規則。
銀：記得隨時把它擦亮。很簡單就可以做到，只要把銀飾專用的清潔劑滴幾滴在上面，幾秒鐘後，擦乾就可以了。

精挑細買：眼鏡

有專業感的鏡框應該是黑色、玳瑁材質、棕色、金屬框或無框。
如果妳必須經常戴眼鏡，請考慮：

- 戴一個簡單的金屬或玳瑁色的眼鏡鍊，千萬不可以有亮晶晶的珠子或顏色。
- 形狀方整且顏色鮮艷的眼鏡盒，如此妳才能輕鬆在包包中找到它。

面試倒數計時

精穿細著找工作

在喜歡輕鬆穿著的網路時代，套裝下面搭配寬鬆長褲，也許可以過關，但由於現在的工作競爭非常激烈，生意越來越難做，所以穿著是否整齊，能否隨時上場應戰，變得非常重要。

清單力量大

知名德國建築師密斯·凡德洛（Ludwig Mies Van der Rohe）曾說過：「上帝都在細節裡（God in the details）。」如果只要克服這些小事情，就能召喚這股神聖的力量，那麼建議妳最好列一張清單，把所有事情都列出來。在準備面試之前，列出所有妳需要穿的衣服（套裝、內搭、鞋子、褲襪、飾品、手錶……）；列出妳必須完成的相關工作（擦鞋子、修指甲）；列出妳必須攜帶的東西（記下重點和問題的筆記本、備份履歷）；列出妳可能會被問的問題和最佳的回答；列出妳想要提問的問題（詳細的工作說明、勞退方案）。在面試的大日子之前，盡可能經常檢查妳的清單。

面試前：預先演練穿著

在面試前一週，試穿所有面試時要穿的衣服。確認剪裁合身、讓人

成功的甜美味道

避免所有引人注目的香味或氣味，從過度強勢的香水到體香劑和口臭，都包括在內。香水應該是彰顯妳個性的小配角，而非獨佔舞台的主角。

滿意；確認妳的襪子穿起來舒服，並可搭配鞋子和裙子；確認妳坐下來裙子不會往上拉得太多；確認皮包中有多帶備份履歷表。

有備而來就有自信。如果妳事先做好功課，就會覺得自己是這份工作的不二人選，而且真的就會如此展現出來。面試者也會認為妳是一個稱職、合格的應徵者，然後⋯⋯

有備而來

企業雇主表示，越來越多前來面試的人，事前未做任何準備，有的甚至到可悲的地步。「許多人無法詳細回答深入尖銳的問題，」波傑爾紐約廣告公司（Bozell New York）資深合夥人索坦諾（Paige Soltano）表示。「如果他們說在原來的公司曾經完成某個成功的專案，於是你請教他們那個專案成功的原因，結果他們竟然無法詳細說明！」
——紐約時報2001年8月8日

恭喜：第二次面試

對方請妳來做第二次面試。稍微有點複雜的是：妳想留下另外一種印象，不過妳只有一套面試套裝。請事先了解妳這次要跟誰會面。如果第一次面試是跟關鍵者，第二次通常是另外一個較不重要、職位可能跟妳相當的人。如果是這種情形，而且不是正式的工作環境時，就屬於正式的職場會議。妳可以把套裝混搭，創造另外一種面貌：妳可以去掉外套，穿裙子、上面搭兩件式毛衣；或者穿外套，下面再搭一件中性剪裁的長褲。

已經夠了：第三次面試

第三次面試往往是最後一次，表示妳即將跟決定是否雇用妳的老闆見面。如果是這樣，請穿第一次面試時的套裝，不過穿得有點不一樣——在裡面搭配不同的襯衫或上衣，顏色可以鮮艷一點，或者在頸部加一條圍巾。在一、兩個細節上做點變化，可以讓妳看起來煥然一新。

特殊狀況：早餐、午餐、晚餐等

跟未來的老闆吃午餐，絕對不是在野餐！這也是面試，甚至是一種考驗，因為妳的社交禮儀、餐桌禮儀、甚至談笑風生的能力，都在對方嚴格的檢視之下。不僅如此，這種不在工作場所的面試往往讓人誤以為必須穿不同的服裝。切記：這仍然是面試，妳應該穿著妳會在辦公室開會時穿的衣服。除非這個執行長喜歡Arby's（1964年創辦、以成人為目標市場的速食連鎖）這種速食店，否則妳的面試服裝都應該搭配所選定的會面地點。

Interview Wardrobe

求職衣櫃

妳面試時穿的衣服是創造第一個、也是最重要的印象之關鍵。這些印象會留在那些關鍵人士的心目中，直到妳去上班的第一天為止。到那時，妳才能放鬆，穿著比較休閒的服裝。不過此時此刻，妳必須運用穿著，讓對方對妳留下良好印象，因此妳所穿的服裝，變得非常重要。這個單元將討論面試衣櫃中不可或缺的單品，以及它們所傳遞的訊息為何。

「以前，工作是給資格最符合的人。現在，當三個資格相同的人一起面試同一份工作時，只有溝通技巧最好的人，才能得到那份工作。」

——羅傑・艾爾（Roger Ailes）
《你就是信使》（*You Are the Message*）

妳的面試服裝向面試者透露了什麼訊息？

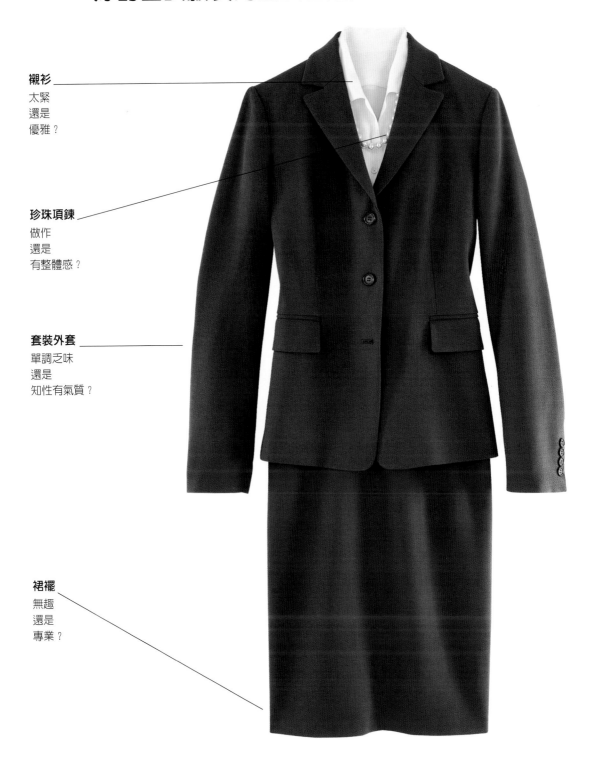

襯衫
太緊
還是
優雅？

珍珠項鍊
做作
還是
有整體感？

套裝外套
單調乏味
還是
知性有氣質？

裙襬
無趣
還是
專業？

Suit Jacket

套裝的外套

女生套裝的外套是很久以前跟男裝偷學的（更早以前則是源自中世紀的盔甲）。不論在任何場合，西裝外套都是職場形象一個強勢、認真態度的注目點。它讓身體有型、暗示地位，而且讓穿著者跟自信畫上等號，因為它的整個意圖就是傳達力量，所以外套的做工、品質與剪裁非常重要。

布料
應該自然垂墜，不僵硬、
亮晶晶或過薄。

顏色
中性色——黑色、灰色、
深藍色或淺褐色。

形狀
稍微有點腰身。

口袋
備而不用的口袋平整的貼
著而且縫起來，不要拆開
縫線讓口袋開開的。

長度
外套的長度應該蓋住整個
臀部。

袖子
袖長應該到拇指的根部。

領口
領子應該平整，而且貼著
頸部。

肩膀
肩膀應該有型，但墊肩不
要太厚。

翻領
翻領中到小即可（$3^1/4$英
吋最理想），平整貼著，
沒有鼓起。

合身度
袖子大小應該合身——不
會太寬鬆，也不會太緊；
這是外套無法請裁縫更改
的部分。

款式
單排釦。

鈕釦
鈕釦顏色跟外套一樣或深
一點，絕對不能過大、亮
閃閃或用布包起來。

Suit Skirt

套裝的裙子

它代表

正式、都會、保守。

布料

平順的垂墜感。

沒有腰帶扣環

表示有最大的搭配彈性。

形狀

簡單──A字裙或直裙，不要太緊，絕對
不可以有過於花俏的裝飾。

細節

為了有最大的搭配彈性，腰部應該不要繫
腰帶。

合身度

裙子應該不要太緊或太短──買之前，坐
下來測試一下。從背後照鏡子檢查一下，
前面看起來很好看的裙子，可能從別的角
度看來不順或不平整。

品質

縫線要平整，而且不要皺在一起，並檢查
邊緣縫線是否牢固。

長度

到膝蓋，這個長度代表：「我很專業」，
而且幾乎適合所有腿型。短一點可能會被
認為太時髦；長一點則太傳統。

它代表

自信、跟得上潮流、務實。

合身度

長褲應該平順的垂墜在身體上，合身的地方不會過緊、
寬鬆的地方也不會掉下來，並檢查口袋的鑲邊是否平整、
不笨重。

品質

檢查布料是否均勻的垂墜，縫線是否對好、有沒有鼓起來。

臀線

長褲的褲腳不應該太寬鬆下垂，也不應該太緊貼。從背後照
鏡子，檢查一下是否寬緊得宜，並穿著長褲坐下來看看。

拉鍊

旁邊、前面或後面都可以。

不要有皮帶扣環

第一套套裝的長褲腰部最好沒有任何裝飾，才有最大的搭配彈
性。皮帶扣環就需要有皮帶，所以妳的上衣就必須塞進去。

前面無褶 vs. 有褶

兩者都很專業；無褶褲看起來比較苗條，且具知性氣質。

長度

褲子長度應該到鞋子的背面。在確認褲長時，
最好帶著妳常穿的鞋子到店裡。

褲管反褶vs. 不反褶

兩個都可以，不反褶的搭配性比較高。

上衣是衣櫃裡畫龍點睛的單品：換一件上衣，基本上就改變了整個服裝的面貌。選擇可以跟妳套裝搭配的上衣，而且每件上衣都必須舒服的穿在外套裡面，當妳脫下外套時，還能夠適當展現妳的專業。

女版襯衫（blouse）
女版襯衫是一種有點寬鬆的女性化上衣，保守、自信、有女人味。
採購首選：白色素面、乳白色、黑色，或可搭配套裝的顏色。

襯衫
這種前面有釦子、翻袖且有領子的上衣款式，其靈感來自男裝。效率、經典，具權威感。選擇一件經典、男裝款式的正式領型，下扣型領子可能搭配性不高。採購首選：素面白襯衫。

Tops 上衣

合身的T恤

簡潔、無領的棉質或彈性材質上衣,看起來可親,卻很有條理,隨時可以捲起袖子(因為本來就已經捲起⋯⋯)。選擇牢固、不透明的全棉或有彈性的混紡棉材質──材質太薄的,都容易變形。領口不要下垂或太鬆,務必素面(這可不是妳的U2樂團〔1972年成立於都柏林的愛爾蘭四人搖滾樂團〕T恤),顏色可以醒目一點。

購買首選:白色素面、黑色,或可以搭配套裝的顏色。

1 JACKET + 4 TOPS

1件外套＋4件上衣＝3種穿著規範

企業正式型

前往大公司面試時，妳的套裝和搭配的東西必須毫無疑問地讓對方覺得妳有教養、專業，且超越工作的資格要求。第一次的面試，請穿無可挑剔且講究的裙子，配白色女版襯衫、高跟鞋、絲襪，也許再加一條珍珠項鍊。

企業正式型

第二次的企業面試時，裡面換成襯衫（灰色搭配灰色展現合宜的順從），可以的話，下半身換成長褲。

= 3 DRESS CODES

工作得體型

稍微有點輕鬆的職場並不表示可以穿比較輕鬆的面試服裝，任何第一次的會面都必須為成功而穿。穿套裝；不論是長褲或裙子都可以。俐落的白襯衫和珍珠可以讓花俏的套裝帶點正經權威的感覺。

休閒型

即使公司的穿著規範屬於休閒型，面試時也不能隨便穿。看起來要有精神且專業，即使妳的穿著可能跟實際應徵的工作穿著規範差距很大，也要做到這一點。灰色的西裝外套只要加上一件有質感的白色T恤和珍珠項鍊，也能展現專業、不隨便的形象。

Shoes 鞋子

鞋跟應該三英吋或更低；太高會變成妖婦，而非執行長。

典雅的鞋尖。不要太尖、太圓或太方。

經典的高跟包鞋

傳統、專業又正式，白天晚上皆適合，裙子、長褲皆可搭。長褲褲管應該蓋過鞋背的一半。
購買首選：黑色皮革，耐穿、四季皆宜，而且所有東西都可以搭，正式或輕鬆場合皆宜。

平底便鞋（loafer）

實際又實穿，但只能搭配長褲。務必保持良好狀態（不可磨損，也不能沒穿襪子）。選擇最不花俏或沒有裝飾的款式——小小的金屬橫槓，還可以接受。至於絲襪，請選擇顏色搭配鞋子或長褲的及膝中統襪。

車縫線顏色應該跟鞋子相同。

平底便鞋的高鞋面為褲裝帶來力量。

絕對不要輕忽鞋子的重要性。一雙好鞋可以讓平凡無奇的衣服看起來似乎價值百萬，穿錯鞋可能直接讓人聯想到邋遢。鞋子往往也是人們一眼定江山，定義妳職場地位的重要配件，所以妳所傳達的訊息最好夠清楚——我很能幹、夠自信，而且，沒錯，很注重細節。

幾乎沒有任何裝飾。

中等高度、黑色厚跟包鞋

有教養、稱職且務實，搭配裙子、長褲或洋裝皆可——這種鞋子搭配性非常高。如果是配裙子，可以穿不透明或半透明的絲襪。如果是配長褲，則穿不透明的長褲襪子。這種鞋跟如果配透明絲襪，會顯得過於笨重，絲襪顏色務必要跟鞋子或長褲作搭配。

Socks

長褲專用襪（trouser sock）
中等高度的襪子搭配平底便鞋和寬鬆長褲。它比正式的襪子還休閒一點，也比運動襪輕薄。長褲越正式，襪子的絲質成分就必須越高。

顏色
避免圖案。如果是中性色，則應該跟鞋子或褲子的顏色搭配。

正式襪（dress sock）
輕薄的絲質襪子，搭配比較正式的長褲和比較女性化的鞋子。

平底便鞋＋長褲＝
長褲中統襪

中跟鞋＋長褲＝
正式襪

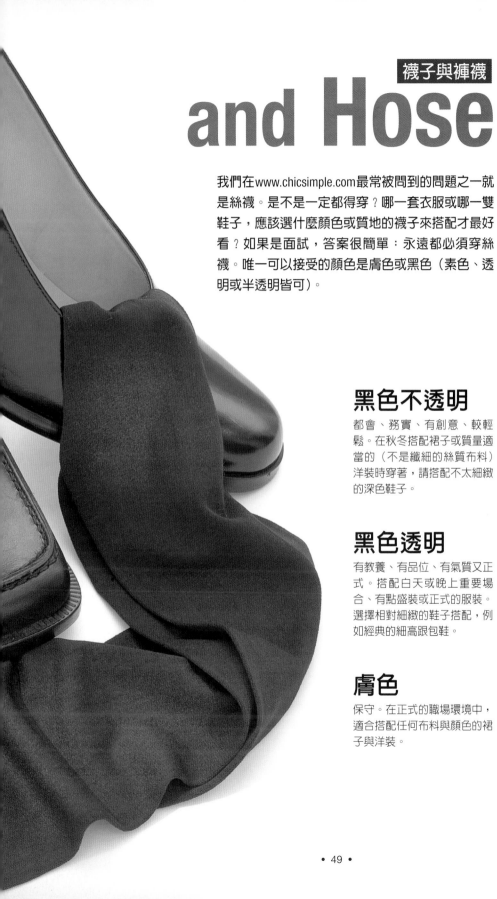

and Hose

我們在www.chicsimple.com最常被問到的問題之一就
是絲襪。是不是一定都得穿？哪一套衣服或哪一雙
鞋子，應該選什麼顏色或質地的襪子來搭配才最好
看？如果是面試，答案很簡單：永遠都必須穿絲
襪。唯一可以接受的顏色是膚色或黑色（素色、透
明或半透明皆可）。

黑色不透明

都會、務實、有創意、較輕
鬆。在秋冬搭配裙子或質量適
當的（不是纖細的絲質布料）
洋裝時穿著，請搭配不太細緻
的深色鞋子。

黑色透明

有教養、有品位、有氣質又正
式。搭配白天或晚上重要場
合、有點盛裝或正式的服裝。
選擇相對細緻的鞋子搭配，例
如經典的細高跟包鞋。

膚色

保守。在正式的職場環境中，
適合搭配任何布料與顏色的裙
子與洋裝。

Portfolio

檔案包

檔案包（portfolio）是手提袋時髦、有效率的替代品。它可以讓妳的履歷表保持平整、裝進一本記事本，還可以放入所有臨時抱佛腳的資料，方便妳在前往面試途中拿出來看。

井然有序、稱頭、有備而來。俐落、整齊的設計（不要鮮艷的顏色、不要像動作片的英雄或獨角獸），皮革材質或類似霧面金屬的科技材質。

堅固的材質可以保護履歷表，不會弄得皺皺的。

真皮是品質與知性氣質的象徵。

額外的口袋是絕佳的收納工具。

Purse 皮包

由皮包可明顯看出使用者的個性。妳的皮包是否讓妳的潛在雇主感受到妳積極的態度？

首要購買單品

黑色皮革。因為它夠權威且搭配性強。

肩背包的背帶不要太長，背包的長度不應該超過妳的腰部。

裡面盡量不要放硬的東西。

背包的拉鍊應該平整的拉起來，可讓妳顯得有條理，且一切盡在掌握中。

面試檢查表

下列是妳準備面試時，可以讓妳萬無一失的清單：

- ❏ 2枝筆
- ❏ 記事本（記下重點或問題）
- ❏ 錢包
- ❏ 面試地點的名稱、地址與電話號碼
- ❏ 備份履歷表（永遠都必須準備好：上面要有姓名與地址）
- ❏ 履歷表檔案夾（避免履歷表弄皺）
- ❏ 參考人清單
- ❏ 年曆（以方便安排下一次會面或開始上班的日期）
- ❏ 行動電話（面試前關機），還有硬幣，萬一手機不能使用時。

- ❏ 口氣芳香劑
- ❏ 面紙
- ❏ 鏡子（剔牙時檢查齒縫用，或是用來尋找衣服上的毛髮等）
- ❏ 口紅
- ❏ 梳子
- ❏ 備用絲襪（萬一抽絲，就可以馬上換上）
- ❏ 迷妳擦鞋器（髒兮兮的鞋子表示妳很邋遢）
- ❏ 濕紙巾（擦掉最後一分鐘的髒污）
- ❏ 指甲銼（免得握手時指甲戳到別人）

Watch

手錶

在職場上，從妳管理時間的方法就可得知妳做事到底有沒有效率。工作上戴的錶應該款式典雅，不過度引人注目，而且好看的錶並不需要傾家蕩產才買得到。

不鏽鋼金錶
＝
裝飾意味、外向、
肯定自持

方便閱讀，但不能是過於運動風的數位錶。

圓形或長方形的錶面皆可。

搭配性強的不鏽鋼錶帶和金色錶面可以同時搭配金飾和銀飾。

特色優點：日期顯示器

有整體感的錶帶

淺色底的錶面

一格一格接起來的錶帶，而非彈性拉扯式的錶帶

圓形錶面的皮帶錶
＝
保守、務實、效率、
直截了當

檢查尺寸是否合手。手錶應該牢固的扣住妳的手腕，不能像手鍊那樣滑動。

堅固的錶座

單輪轉動

特色優點：光亮的錶面

堅固的錶柄

加厚的皮革錶帶

不要戴超大的手錶

時尚提醒

工作時，手錶就是手錶，不是珠寶。在辦公室應該避免戴的手錶是：五顏六色的錶面、顏色鮮艷的錶帶、顏色對比的車縫線，還有過大的錶面。

Glasses and 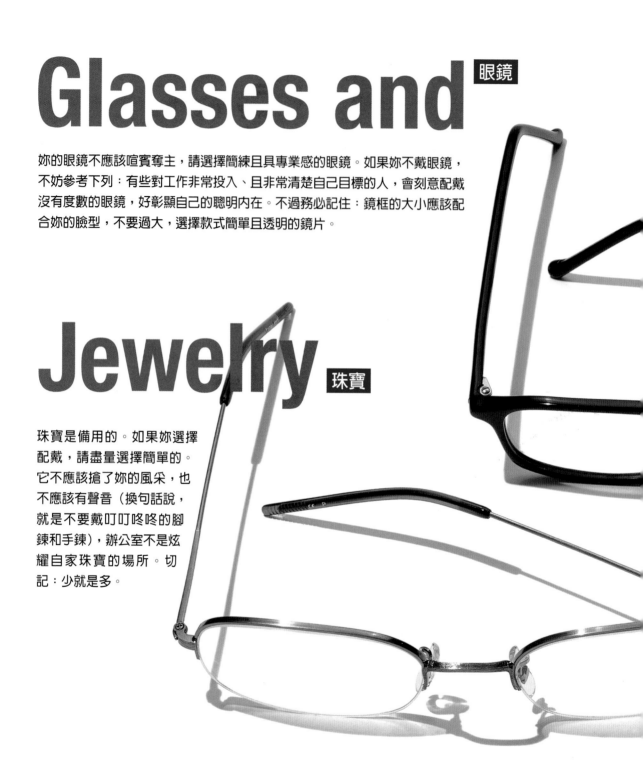 眼鏡

妳的眼鏡不應該喧賓奪主，請選擇簡練且具專業感的眼鏡。如果妳不戴眼鏡，不妨參考下列：有些對工作非常投入、且非常清楚自己目標的人，會刻意配戴沒有度數的眼鏡，好彰顯自己的聰明內在。不過務必記住：鏡框的大小應該配合妳的臉型，不要過大，選擇款式簡單且透明的鏡片。

Jewelry 珠寶

珠寶是備用的。如果妳選擇配戴，請盡量選擇簡單的。它不應該搶了妳的風采，也不應該有聲音（換句話說，就是不要戴叮叮咚咚的腳鍊和手鍊），辦公室不是炫耀自家珠寶的場所。切記：少就是多。

金屬線框＝
謹慎、考慮周到、低調

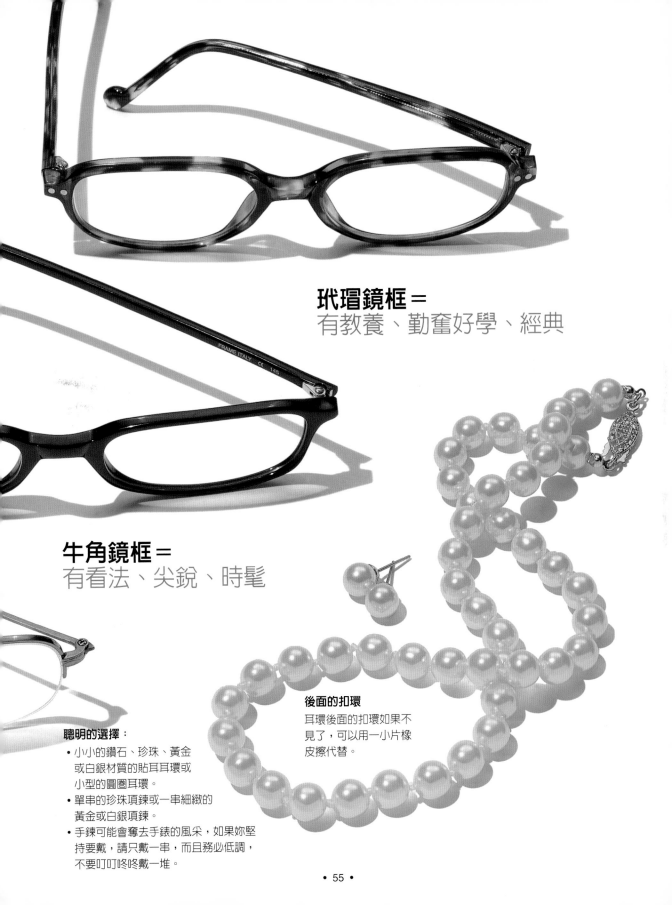

玳瑁鏡框 =
有教養、勤奮好學、經典

牛角鏡框 =
有看法、尖銳、時髦

後面的扣環
耳環後面的扣環如果不
見了，可以用一小片橡
皮擦代替。

聰明的選擇：
• 小小的鑽石、珍珠、黃金
　或白銀材質的貼耳耳環或
　小型的圓圈耳環。
• 單串的珍珠項鍊或一串細緻的
　黃金或白銀項鍊。
• 手鍊可能會奪去手錶的風采，如果妳堅
　持要戴，請只戴一串，而且務必低調，
　不要叮叮咚咚戴一堆。

CLOSET

求職衣櫃
interview wardrobe

衣櫃

在妳事業的早期階段，妳衣櫃裡的「工作」區應該很少——這是可以理解的。現在是學習衣櫃規畫的最佳時機：歸納整理。畢竟，妳不可能穿看不到的衣服。下面就是妳衣櫃應該包含的服裝、飾品和應該有的整理工具列表：

求職衣櫃

- 1套套裝
- 5件上衣
- 2雙鞋子
- 1個皮包
- 一個真皮檔案夾
- 1支手錶
- 絲襪
- 內衣

衣櫃整理工具

- 全身鏡
- 良好的燈光
  （衣櫃裡和鏡子上方）
- 堅固的衣架
  （維持衣服的形狀）
- 鞋楦
  （同樣是為了保護鞋子）
- 軟布擦巾
- 蒸氣熨斗
- 去汙劑

服裝檢查表

- 不要經常乾洗衣服：容易讓布料變硬（經常穿的：兩週送洗一次；一週穿一次的：每個月送洗一次；偶爾穿的：每季送洗一次）。
- 用去汙劑替代乾洗。
- 衣服穿過之後，在放進衣櫃之前，最好先放在外面24小時透一下氣，也可讓皺掉的地方變平整。
- 過季衣服收藏起來之前，最好先乾洗，而且套裝的上下兩件要同時送洗，以免產生色差。
- 務必將乾洗過的衣服從塑膠乾洗袋中拿出來，因為它們會讓白色變黃、水氣留置，而且有毒。

媽媽要二度就業

親愛的金與傑夫：

我已經忘記該怎麼穿了。八年來，我一直待在家裡相夫教子。以前，我在芝加哥附近一家很大的保險公司擔任公關，為了照顧兩個女兒而離職。現在我得到一家航空公司的公關工作，我很高興找到這份工作，不過卻無法決定到底該穿特定為了找工作而買的套裝，還是我在相夫教子時常穿的正式服裝？救命啊！我就是不知道該怎麼辦！我是絕對不能出錯的！

——被衣櫃打敗的人

親愛的被衣櫃打敗的人：

妳的下一個最佳投資應該是購買另外一套套裝，不過它必須搭配性很高，而且可以跟妳穿另一套套裝時的鞋子和皮包搭配。之後，請買幾件不同的上衣，好搭配妳不同的套裝下半身。不妨買一套兩件式毛衣，因為它不僅女性化，也是取代套裝外套的專業替代品。

——金與傑夫

Succeed in Job 2

一路亨通

職場衣櫃

這個很簡單：有三個上班族坐在桌子旁邊，一個高階主管拿著一個有問題需要解決的專案走進來，這三個人馬上有個扭轉自己前途的重要轉捩點。老闆會做成一個決定，只有一個人雀屏中選。妳如何製造妳就是那個真命天女的印象？在這個單元中，妳將學會如何建立一個可以讓妳在機會來臨時，馬上抓住那個機會的職場衣櫃。

穿得像個上班族

「我想要知道，
如果世界是由男
人主導，為什麼
他們還繼續打領
帶？」

──琳達‧愛樂比
（Linda Ellerbee）

作家、製作人、幸運鴨製作公司
（Lucky Duck Productions）總裁

為工作而穿

　　對卡洛琳‧蘭茲（Carolyn Lantz）而言，形象就是一切。身為福特汽車公司（Ford Motor Company）的品牌形象執行總監，負責從車子的設計到搭配的廣告等所有創意工作，她和部門同仁是這家百年優質公司形象創意的對抗者，而且他們必須穿出那副德性。「我有一位設計師的頭髮是藍色的，另一位穿得就像要去衝浪。他們都對最新的潮流很著迷，而且也理應如此。」她說。「每年兩次，公司的執行長和集團副總都會來這裡，我禁止他們任何人穿西裝。他們把我們放在加州，而非底特律，就是要我們有不同的想法，跳脫汽車業的框架，而且要有創意。如果我們看起來跟底特律的人一樣，他們就會懷疑我們為什麼竟然如此主流。」

　　蘭茲的一位新設計主管曾經受邀去跟麻省理工學院（MIT）的學生演講；她特地為這個場合買了一套新套裝。「這位設計師非常優秀，口才也很好，可是學生卻坐在那裡翻白眼。我想他們心裡一定在想：『噢，又是另外一個從底特律來的穿套裝的，』」她說。「之後，在我們獨處的時候，我說：『妳的聲譽就在於妳的創意，而且妳在自己的專長上表現得非常優秀，我想妳應該可以更盡情的展現自我。』最後，雖然她的談話內容多采多姿，但是硬梆梆的套裝傳遞給觀眾的訊息卻更強烈。」

　　在面試中，首要目標就是穿著能夠傳遞專業感的服裝。等到妳得到

那份工作了，如果妳想要更上層樓，就必須考慮許多的細微差異和變化。

妳的職場衣櫃——掌控形象的必要工具

不論是華爾街的吊襪帶、不動產業的駝色外套，或是好萊塢的深色牛仔褲，每個工作都有它的時尚密碼。妳的職位需要注意哪些細節？以下是針對妳的特定職位／辦公室／產業而製作的必要檢查表。每天，妳所穿的衣服都必須：

1. **得體**：辦公室／產業就像俱樂部一樣，務必讓妳看起來跟他們一樣。
2. **專業**：不論是企業正式型、工作得體型或工作休閒型，只要看起來像是上班的服裝，都能讓妳因為穿著得體融入環境中，而感到自信。
3. **自在**：為妳的職位、個性與身體而穿。
4. **有策略**：一個考慮周全的衣櫃可以幫助妳飛黃騰達。妳是一個想要獲得升遷的助理嗎？開始設法穿得像妳的直屬主管。在傳統的職業中，是否大家都穿相同的正式服裝，因此看來好像複製人？妳可以在制式的穿著規範中以色彩來畫龍點睛，例如用淺藍色毛衣或漂亮的圍巾，讓自己出類拔萃。把妳的事業目標、專業領域、所處的階級，甚至妳在組織整體規畫中的位置等，都列入考慮，藉此了解自己是否盡己所能的精穿細著。

辦公室的必要損耗

雖然很不舒服，不過企業正式型、甚至一些工作得體型的穿著規範仍然堅持在辦公室必須穿絲襪的規定。

合宜得體：最不需要擔心的一件事情

如果妳一開始就花時間與心力，讓妳的衣櫃就跟給執行長的備忘錄般整齊，妳跟妳的備忘錄都必定被慎重看待。妳可以在早上穿好衣服，走進跟集團副總一起開的幕僚會議，然後跟客戶共進午餐，一路都覺得自己既專業又有備而來。

如果妳未能一開始就採取主動，加上會議、備忘錄、配額、權力點與行銷策略等壓力，結果會如滾雪球般，越滾越大，讓妳在心裡不斷懷疑自己的服裝是否適合、是否如風中殘燭般隨時被消滅。任何人只要能夠忍受這種耗損精力的焦慮，都夠資格當執行長，只要她看起來合宜得體！

為工作、還是為前途而穿？

每天都是機會。
妳是否穿著得體，準備迎接機會了？

安熙·迪士尼（Anthea Disney）是美國新聞出版集團（News America Publishing Group）的執行長，大部分的時間她所穿的衣服就跟她擔任倫敦報社記者第一天上工時所穿的一樣。「大部分時間穿的都多少像套裝的樣子——長褲套裝、一件俐落的襯衫或毛衣，或是黑色的長褲加一件高領毛衣，還有一件皮外套。我想我穿的這種制服應該是受人尊重卻沒有什麼個人特色，」她說。「我唯一記得有人對我的衣服有任何意見的一次是有一位主管說：『妳穿得好像知道妳自己是誰。』」

迪士尼的外表的確夠受人尊敬，不論碰到誰，不論她的志氣有多高，她的服裝都能適當支持這樣的企圖心。「我當時是美國電視指南（US, TV Guide）雜誌的編輯，福斯電視台的《A Current Affair》節目的執行製作，還有哈潑柯林斯出版社（HarperCollins Publishers）的執行長。一路下來，我幾乎都穿相同的衣服。這就是我，也是讓我覺得自在的穿著。」

在每一個職位上，她的完美形象在在跟高階主管暗示：她值得信賴，而且有能力做好手上的任務。

妳的服裝到底跟那些掌握妳升遷大權或左右妳美夢能否成真的人傳遞了什麼樣的訊息？前途是在每天的工作和印象中慢慢累積而成，不是在求職面試那一天就定格不變的。每天都是為了妳人生下一階段而進行的面試。妳的服裝將是決定妳向下沉淪、還是向上提升的關鍵。

以男人為師

並非他們做的所有事情都值得偷學，不過，獵裝短外套（blazer）倒是值得借鏡。這種「萬無一失」的單品，真是天才！不論妳前一晚多晚才回家，或是前一天保母多麼耍性子，都能讓妳馬上精神抖擻！找一件完美、深色的獵裝短外套，然後用力穿，把它穿到壞。男人都是這樣的！

未被知會

時代在改變，妳呢？

    首先是喬治‧布希總統禁止在白宮穿休閒服，即使週末也不可以，接著是全美的律師事務所開始抗拒休閒星期五的做法，即使是向來邋遢的比爾蓋茲也開始穿西裝打領帶。景氣好時，每天都是星期五，穿著規範也隨之變輕鬆。不過，當時機變壞，腳步就會加快，每個人都提早到辦公室，坐得筆直，以穿著為飯碗之所繫。連續幾季的景氣下跌，西裝與套裝的營業額反而再度逆勢成長，而且全美國的辦公室又開始繞著時鐘努力工作，辦公桌也開始變整齊。有人知會妳嗎？

看看四周──誰被知會？

    掃描一下辦公室，好好了解一下同事專業能力與服裝的枝微末節，還有妳的現況。誰在穿什麼？本來開始穿牛仔褲的老闆，是不是偷偷的決定不再如此穿了？妳鄰座的同事是不是突然穿起套裝來，而且是每天？一個明顯的事實是：大部分的執行長（還有超級有經驗的職場人）從來都沒有放棄穿套裝，而且很清楚這是一個不論景氣如何，都絕對不能輕忽的細節。

    妳還穿著邋遢的星期五打扮到處晃嗎？現在，該是妳好好考慮如何穿得聰明一點的好時機了！

謀略穿著術
——學會解讀成功密碼

服裝角力——誰看起來專業？
她們穿什麼？

在妳的辦公室，懂得穿代表什麼意思？穿著規範向來是由上往下影響，所以就從檢視上層的穿著開始。執行長穿什麼？裙子套裝、Hermès圍巾和高跟鞋嗎？涵義：這個辦公室鼓勵穿著企業正式型的服裝。創意小組人員是否穿黑色牛仔裝、獵裝外套和帆船鞋，但財務人員卻穿著條紋套裝配高跟鞋？找出妳在辦公室適當的服裝譜系，再瀏覽一下妳自己的穿著規範。

妳的老闆穿什麼？如果妳的老闆備受尊重，在公司擁有良好地位，而且她的個性和事業發展是妳想要仿效的，那麼不妨以她的穿著打扮為範本，照本宣科。設法在妳的預算內，盡量模仿她的打扮。如果她都穿套裝，妳可能需要把錢投資在這個項目上。如果妳的辦公室屬於比較休閒的穿著規範，允許展現個人風格，就以她穿著打扮的方式做為妳的參考典範，例如：她穿皮衣可是不穿牛仔褲，而且總是穿高跟鞋。

新的職場面貌：工作得體型

如果妳的辦公室不是全部穿套裝，也沒有每個人都穿卡其褲，那

導師至上

最近，勇於追求事業的女性需要的工作配件並不是時髦的真皮公事包或最新的筆記型電腦，而是一位同性別的導師。在這位導師給予門徒的各種有用指導中，還包括職場穿著規範。不過時代會改變，枝微末節也發展迅速，所以擷取那些妳認為有用的，其他的就不必理會。

麼,「工作得體型」可能是最適當的服裝規範。工作得體型是介於「休閒」與「企業正式型」之間的過渡型。它看起來有套裝的專業幹練,但是比較不那麼尖銳。換句話說,並非永遠都得穿套裝。一件獵裝短外套配一件顏色對比的長褲,加一件女版襯衫;裙子配兩件式毛衣;高領衫配長褲,再加一條不錯的皮帶（如果長褲有腰帶環的話）。

配合行事曆來打扮

不同的工作場合需要傳遞不同的訊息。掃描一下妳的行事曆,確認一下當天該穿什麼衣服,最能傳遞正確的訊息:

上午10點　幕僚會議（理想效果:親切但不失權威感。）
下午1點　　跟老闆吃午餐（理想效果:天才小孩?）
下午3點　　跟客戶喝咖啡（理想效果:正經的生意。）

主持會議:套裝代表權威,這是主持會議時最重要的特質。雖然可以選擇做一個比較輕鬆、和藹可親的主持者,例如,穿高領衫配長褲,而不穿套裝,不過這只適合非常有自信的人,因為這種做法,可能讓會議中其他穿得比較正式、看起來比較權威的人,變得比妳有權威。

做簡報:做簡報時,關鍵在於引人注意,只要這樣的注意是正面且適度的。在公開場合露面,穿套裝可以讓身體有型,增加肢體的存在感。淺藍色或紅色等有趣的顏色可以吸引觀眾的注意力,生動又有活力。不要穿任何可能干擾視覺的東西,例如晃來晃去的耳環、條紋或圓點的圍巾、讓人眼花撩亂的顏色等。

跟客戶用午餐:跟客戶用午餐時,妳必須展現專業、可靠又可親的形象。衣櫃的解讀是:套裝搭配某個可以減少它僵硬程度的東西,可以是套裝本身容易讓人親近的顏色（白色、米白或淺藍色）,或搭在裡面的T恤、或一件有個人風格的珠寶,例如有墜飾的項鍊或胸針。

績效檢討:做績效檢討時,妳必須看起來像是處於最佳的工作狀態下。如果妳工作時是穿套裝,此時就穿套裝。如果妳不穿套裝,也不要為了這一次而特別穿套裝,容易顯得有心機。最終的目標就是要看起來專業又輕鬆,千萬不要看起來很用力的樣子。

簡緻評估法
——再度檢視妳的目標

目標會進化，產業會改變。現在妳已經工作一段時間了，妳的事業和妳的衣櫃，能否支持妳的目標？

評估：妳是否穿出前途？

檢視一下妳的事業：妳樂在工作嗎？它有沒有符合妳的目標？五年後，妳希望在什麼地方落腳？檢視一下妳的衣櫃：每天的穿著打扮是否讓妳覺得很自在？妳的衣服是否跟妳所看到的自己內外一致？五年後，妳想要變成什麼樣的人？

「女人如果對自己所穿的衣服感到不自在，就不可能穿著得體。」

——比爾‧布萊斯
（Bill Blass：知名服裝設計師）

除舊：什麼東西在扯妳後腿？

如果妳不快樂，找出原因！妳是否對產業抱持老舊的看法？妳的穿著風格是否過時，且限制妳的發展？妳是否陷在一個不符合自己的工作中？妳的形象是否強調了菜鳥地位？妳所選擇的服裝是否在扯妳後腿？

佈新：遵守既定目標

採取行動，調整妳的前進路徑，以配合修正過的目標。開始調整妳的衣櫃，讓它可以支持新計畫：如果妳想要看起來比較有條理，就增加套裝的比例；如果妳想要表達更多的自我，不妨試試顏色大膽的單品或時髦的鞋子。這些小小的步驟會讓妳朝著逐漸改變的事業目標前進。

衣櫃投資報酬率

經典的投資

珠寶的款式越典雅，搭配性就越高。這表示簡單的線條與雋永的設計，還有低調到不會讓別人說「噢，她又在戴……了」的話。同時切記：典雅並不等於無聊。

讓衣櫃發揮最大效用

「我向來一年買兩套亞曼尼套裝，這樣就已經花掉我整年的預算，」出版圖書，同時也是電視談話節目主持人的茱迪絲・雷根說。「所以我必須非常有創意的運用它們——我會改變襯衫，讓套裝乾洗400次，把墊肩拿出來或再放回去。不過，我一直覺得自己看起來很得體。」

開始工作時，大部分人不會買亞曼尼，卻可能因此面對平凡無奇的兩難：「救命啊，我只有一（或兩）套套裝。我明天該穿什麼？」

只要一點點的創意，套裝的上下兩件衣服也可以充分發揮作用，變成數不清的辦公室服裝（正在看這本書的麻省理工學院工程師們，不妨做一下對數——雖然接觸的是他們所謂的實驗室外套的職場穿著，很多是書上沒有教的）。一套搭配性強的套裝，只要搭配精挑細選的精采單品，就能變化出12種、甚至更多的不同面貌；外套搭配三件不同的長褲（黑色、灰色、一件彩色，或甚至白色牛仔褲，如果公司允許的話），還有三件不同的裙子；每件長褲都搭配不同的上衣——俐落的白襯衫、兩件式毛衣、高領衫、絲質襯衫，甚至一件不同的外套；然後，再整套一起穿。其他的變化包括：一（或兩）條五彩繽紛的圍巾、顏色鮮艷的上衣、牛仔布（如果辦公室裡有猶太教徒的話〔譯註：粗棉布是猶太教徒的標準穿著〕）、不同的飾品——今天穿套裝配珍珠（典雅打扮），明天就穿T恤（酷），再隔一天就穿T恤配珍珠（又酷又經典）。

投資妳的未來

精穿細著需要：有點錢可以花，還有一點策略。現在就建立妳的前

途和衣櫃策略，將對妳未來每一天、每一分和每一秒的工作人生，影響重大。剛開始在這上面所投資的時間和金錢將會給妳帶來數千倍的回饋。此外，妳可以不必花百萬，就能看起來像個百萬富翁。

了解必要的費用

在建立妳的職場衣櫃時，有幾件事情請謹記在心：

1. 妳可能已經擁有一大堆妳需要的東西。
2. 選擇一（或兩）個關鍵單品做投資，通常是套裝，其他的東西就少花一點錢。當妳薪水增加，妳衣櫃裡的投資單品數量也會隨之增加。
3. 精打細算者的救星：換季拍賣、樣品拍賣、設計師暢貨中心。（後者要特別小心，因為可能充斥瑕疵品、次級品，或者打一開始就不應該出現在零售暢貨中心的衣服。）
4. 找出妳想要投資的單品：一套套裝、一支手錶、一件大衣。
5. 找出可以偷工減料的部分：例如鞋子——如果妳不願意在這方面花錢，不妨花少一點，但購買的頻率要高一點。襯衫（俐落的白襯衫就是俐落的白襯衫，不論妳花多少錢）。有彈性的T恤，還有任何黑色的東西（黑色看起來比其他五顏六色的相同商品要貴）。

細節力量大

整個面貌需要有畫龍點睛的東西。不確定時，就穿黑色或部分以黑色為底，然後再以飾品和其他顏色轉換面貌，例如：一件漂亮的毛衣、一條五彩繽紛的圍巾、一串珍珠項鍊、一件女性化的襯衫、白色裙子上的鍊釦、有質感的手提袋、不同的鞋子等。

善用鈕釦

不要讓醜陋的黃銅鈕釦或任何形狀、大小或光澤度錯誤的鈕釦，破壞了外套或套裝的質感。此時，裁縫師就是扭轉妳人生或至少妳重要日子的大功臣。只要加上一些精挑細選的鈕釦，原本平凡無奇的套裝就能煥然一新。

買什麼，不重要；重要的是穿什麼！

精穿細著代表一個清楚的訊息：確實合身（拜好裁縫師之賜）、適當的細節修飾、適當的儀容整理，還有因為做到上述所有要求而得到的自信。一套不合身、不好穿的昂貴套裝最後可能變成一場災難，而一套便宜卻剪裁完美、搭配得宜的鞋子和俐落襯衫的套裝，反而可能傳達妳認真看待工作的態度。

精挑細買以建立妳的職場衣櫃

——妳的投資策略

精挑細買：買更少、買更好

這個建立衣櫃的步驟非常重要：衣服就跟不動產一樣。薪水也是。關鍵就在於買更少，卻要買更好，而且買那些可以互相搭配的衣服。把妳衣櫃裝滿精挑細選、品質好、搭配性強、可以和衣櫃裡的所有衣服搭配、再搭配的單品。結果：不需要無止盡的買衣服、卻可以有無止盡的搭配組合。

買妳預算內負擔得起的最好衣服。雖然妳帶回家的東西比較少，不過品質卻比較好。這一點非常重要，尤其是妳每天都得穿的單品，例如：大衣、鞋子、手提袋等，品質越好，妳的投資報酬率就越高。一般而言：

建立衣櫃，需要：

- 花時間
- 有焦點
- 有耐心
- 要努力
- 有限制
- 要有自知之明
- 花錢
- 要大膽
- 要有進取心
- 要願意投入

- 沒有季節之分的衣服最值得投資。它們幾乎整年都可以穿，而且容易打包。最好是輕薄的羊毛或羊毛混紡，再加上一點彈性，還有輕薄的針織衫也不錯。
- 不要買會讓妳臉色變暗沉或身體變腫的顏色。真的要用的話，就策略性的當做點綴就好。
- 如果有顏色會讓妳臉色發亮，讓妳發出讚許的微笑時，請將它整合進妳衣櫃的搭配組合中。如此一來，不但妳穿的時候會展現最好的風采，也會成為妳的註冊風格。
- 一件品質很好的單品就能提升妳的整體外觀。
- 當妳找到適合自己的品牌時，它將來也極可能成為妳一個很好的購物來源。

精挑細買術

目標：以衣櫃生力軍（精挑細選、可以和衣櫃裡其他服裝搭配、且延伸出無限可能的單品）擴大衣櫃內容。生力軍的選擇上：以少數幾件襯衫和女版襯衫（搭配短外套，且可讓裙子變得瀟灑漂亮）、兩件式毛衣和其他鮮艷的針織衫，加上合身的整套套裝，讓妳可以從一套套裝變化出各種顏色（或中性色也可），以應付剛開始工作那幾年的形象需求。

如何購買職場套裝

精挑細買術：外套

外套看起來專業，而且讓妳有精神，也是增加妳服裝搭配組合的色彩、圖案或質地的好途徑。買可以搭配妳套裝下半身的外套，可讓妳的衣櫃更實用。如果不確定該如何搭配，最安全的做法就以全黑做底色。

黑色＝知性有氣質、都會感，搭配性最高。

深藍色＝典雅卻難以跟其他深淺不一的深藍色搭配。

灰色＝正經八百。

淺褐色＝時髦雅緻、熟練，而且很友善。

紅色＝充滿權力。

布料：

四季皆宜的：輕薄羊毛、精紡羊毛、羊毛皺綢。

夏天穿的：棉混紡、泡泡紗、羽量羊毛、麻混紡。

秋冬穿的：羊毛、羊毛混紡、喀什米爾羊毛、燈芯絨、斜紋防水布（gabardine）、斜紋毛呢、麂皮、天鵝絨。

圖案：素色、條紋、方格、斜紋、千鳥格。

精挑細買術：襯衫

改變襯衫就會改變整個面貌。妳的衣櫃裡至少應該有5件上衣，務必購買顏色或圖案可以搭配套裝、單穿也很得體的上衣。

- 襯衫袖子長度應該到拇指根部，而且應該超過外套袖子半吋。
- 袖子寬度應該可以讓妳自在移動手臂，但也不能寬到穿上外套時讓襯衫袖子鼓了起來。
- 扣起來時，妳應該能夠自在的呼吸，而且不能讓別人看到內衣或激凸。
- 直線縫邊：在休閒場合中穿時，可以不必塞進去。
- 襯衫下襬：一定得塞進去。
- 剪裁：俐落且乾淨、女性化的款式。
- 圓領：細緻、傳統。
- 尖領：最好拉出來露在外套上，比較有型。
- 下扣式領子：仿效男裝款式，正

經八百、有活力。

- 無領：有創意、獨立自主。

顏色：

乳白色＝知性有氣質、女性化、親切。

白色＝俐落、典雅、正經八百、衣櫃的基本款。

黑色＝尖銳、有權力、堅定自持。

其他單色（搭配套裝）＝乾淨、現代、優雅。

布料：有彈性的布料穿起來比較舒服。

- 棉：乾淨、俐落。
- 絲：正式、保守、盛裝。
- 針織布：保養方便、舒服。

精挑細買術：針織上衣

針織衫可以增加顏色與材質的變化，而且穿類似兩件式毛衣的針織衫時，可以展現跟外套不同的女人味。

越輕薄的針織布越優雅，但要注意不可過於透明——工作場合絕對不能穿透明的衣服。

品質是由紗支的純度和織法的緊密度（針數）來決定的。織得越緊密，針數就越高。單股毛衣（ply：股，指的是重量）會比較輕，不過織法會比雙股毛衣緊密。八股針織（eight-ply knit）非常厚重，織法非常寬鬆，比單股或雙股織法的毛衣還休閒。針織衫越輕薄，就越容易縮水，所以只能乾洗。比較淺的顏色用的顏料比較少，所以比使用較強染料的深色還柔軟。

合身度：應該合身，而非緊身；太寬鬆的話，看起來會邋遢。

- 高領衫最重要的就是合身度。過大或寬鬆的，對辦公室而言，都太休閒。

材質：

- 單股喀什米爾羊毛不但輕，而且比厚重的毛衣搭配性高。
- 平針毛衣比較講究，而且比梭織

毛衣搭配性強。不過，如果是搭配套裝外套，梭織毛衣看起來會有講究的活力感。

布料：頂級的美麗諾羊毛或棉質針織布都比品質不良、容易變形起毛球的喀什米爾羊毛還好。

顏色：毛衣是為中性色套裝增加一點色彩活力的好道具——不論是流行的顏色或不論何時都讓妳好看的顏色。

聰明的選擇：

兩件式＝典雅、女性化。

黑色高領衫＝尖銳、都會、有看法。

V領衫＝學院風、休閒。

精挑細買術：裙子

即使是最保守的工作環境，都能接受一條筆直、黑色、及膝、腰線乾淨（沒有腰帶環）的薄羊毛裙子。它看起來苗條，可以輕易跟其他衣櫃單品搭配，可以正式，也可以休閒。

合身度：

- 細高跟鞋能讓及膝的裙子看起來不會太平淡（和寒酸）。
- 較蓬的裙子適合搭配合身上衣，而且這種搭配幾乎所有體型身上都好看（雖然個子矮的或身材平板的可能有點過頭）。
- 窄裙＝切中要點、典雅、聰明。
- A字裙＝踏實、友善。
- 不對稱剪裁裙＝盛裝、性感。
- 打褶裙＝年輕、嬌俏。

布料：不應該太厚重或僵硬，但必須有柔軟的垂墜感。

- 輕薄的羊毛：四季皆宜、搭配性強，可以搭配所有材質的衣服。
- 彈性布：輕薄的彈性布料最適合春天、夏天和早秋穿著。
- 棉布（有彈性的）：適合春天、夏天和早秋。
- 絲質布：比較正式，適合春天與秋天。

- 針織布：搭配性最低的選擇（受限於它的材質，往往沒有修飾身材的效果）。不論輕薄或厚重的針織布都可以，最好同時購買可以搭配的上衣。

精挑細買術：長褲

合身度：找一面三面鏡：如果出現內褲的痕跡，買一件丁字褲。試穿長褲時，穿著妳打算搭配的鞋子，好確定褲長剛好落在鞋面上。如果妳個子矮，就不要反摺，會讓妳的腿變短。不要穿緊緊貼在肚子或大腿的長褲，換一件腹部前面有打摺、褲管較寬，或布料有垂墜感的長褲。如果腰線會讓肚肉鬆垂，不妨穿低腰一點的長褲，不要用皮帶，鬆緊要剛好，可以修飾身材的上衣。口袋應該平整，打摺處不能鼓起來。裁縫師可以拿掉不好看或過於明顯的口袋。布料應該平順的從臀部垂下，直到地板，不會過緊或過於鬆垮。有彈性的布料會讓長褲穿起來比較舒服、比較合身，也更能維持形狀。

顏色：

黑色＝強而有力，搭配性最強，且最有修飾效果。

灰色毛呢＝典雅、簡練、正式。

淺褐色＝優雅、低調、溫暖。

卡其色＝有創意、輕鬆、獨立。

聰明的選擇：

前面打摺＝知性有氣質、典雅。

前面無摺＝搭配性強、乾淨、可修飾身材。

褲管反摺＝保守。

褲管沒有反摺＝極簡主義、物盡其用、搭配性強。

典雅腰線＝盛裝、有能力。

直褲管＝時髦且敏捷。

不太聰明的選擇：

寬褲管＝風雅、都會、過度寬鬆、不適當。

窄褲管＝幾乎無法修飾身材。

傘狀褲管＝嬉皮、流行，不適合在辦公室穿著。

九分褲＝無拘無束，不適合在辦公室穿著。

低腰褲＝輕鬆、但充滿行動力、時髦，不適合在辦公室穿著。

布料：

四季皆宜：輕薄的羊毛、精紡羊毛、熱帶羊毛、羊毛縐綢。牛仔裝只有在公司許可時才可以穿。

夏天：輕薄棉布、棉混紡、輕薄羊毛。

秋冬：羊毛、羊毛混紡、燈芯絨、法蘭絨、斜紋防水布、斜紋布、麂皮、法蘭絨。

精挑細買術：腰帶

如果太長或太短的腰帶，不要丟掉，鞋匠通常可以幫妳多打幾個洞。

顏色：黑色、棕色。除了鮮豔的顏色之外，腰帶都應該搭配鞋子的顏色。

質地：裝飾越少越好。不要鉚釘裝飾、假鑽或任何過度的裝飾。漆皮或有趣的材質（鱷魚皮）等，都可以被接受。

皮帶頭：簡單，不要過大或華麗。選擇有用真皮包覆（搭配性最強）或金屬材質（金或銀）的皮帶頭。

寬度：雖然腰帶大小必須配合特定的長褲或裙子款式，但一般標準的腰帶寬度是一英吋。

精挑細買術：托特包、公事包

托特包（tote）很實用，不論是正式或比較輕鬆的場合，都很適合。黑色搭配性最強又不會顯髒。真皮材質有質感、夠專業，而且耐用，內裡隔層可讓妳方便整理物品。大小務必能夠放入A4紙張，甚至最好能夠放得下筆記型電腦，不過，

也不要太大，可能會讓妳看起來好像被工作壓得直不起身——尤其是當妳身材很嬌小的話，也可能對背部或肩膀帶來壓力。

精挑細買術：皮包和鞋子

皮包

為了保持最佳的條理，最好準備一個每天都可以用、裡面有隔層的手提袋。它也應該要有拉鍊、夾釦或鎖頭，以維安全或藏住偶爾雜亂不堪的包包內在。準備一個小一點、可以放在大一點皮包裡面的手提袋，例如：手抓包，在中午外出用餐或晚上參加不適合帶托特包和公事包的場合時，就可以拿出來用。

顏色：

駝色＝輕鬆、低調的奢華。

暗紅色＝富有、優雅。

棕色＝保守、經典。

淺褐色＝俐落、知性有氣質。

黑色漆皮＝漂亮、春天與夏天的盛裝打扮。

鞋子

- 如果妳還沒有黑色中跟晚宴包鞋，現在該是買一雙的時候了。冬天的話，可以考慮穿靴子。
- 每天都要穿的鞋子，買妳預算內的最佳品質。最好買兩雙，以便輪流穿，讓每一雙都有喘息和晾乾的機會。

精挑細買術：洋裝

洋裝是萬用服，不論搭不搭外套，都能彰顯女性化又專業的特質，也能增添妳衣櫃的魅力。素色洋裝比有圖案的洋裝更容易利用不同的飾品，轉變風貌。大型圖案比小又不明顯的圖案更容易讓妳顯得龐大，較不適合在辦公室穿著。如果妳身材中廣，就務必不要穿有腰線的洋裝。

精挑細買術：圍巾

圍巾可以增加服裝的組合數量，也能迅速改變整體面貌。它們可以為平凡無奇的中性色增添色彩或圖案，協助軟化專業的面貌，強調妳的臉龐，還能轉移別人對妳脖子和乳溝的注意力。

聰明的選擇：

- 36英吋的絲質方巾：典雅、搭配性最強，圖案選擇也最多。
- 12吋×48吋的長方形絲巾。
- 手工縫邊很奢華。
- 流蘇邊有運動休閒感。

穿戴方法：

- 圍巾的顏色應該將服裝的點綴顏色融入其中，襯托妳的膚色，因為它通常會圍在臉部附近。
- 圍巾應該看起來柔軟自然，不會僵硬或過度做作。
- 選擇輕薄、不厚重的圍巾，而且不要戴那種隨時需要調整的款式。
- 不要讓圍巾搶了妳的風采。
- 圍巾的長度不要超過腰部，會顯得雜亂、不整齊，也會讓腿變短。
- 口袋方巾（16吋到18吋）可以增添西裝外套的風采。輕輕的從方巾中間抓起，把底部摺上來，讓頂部短一點。放入外套胸前口袋內，稍微露出口袋1到1.5英吋。

精挑細買術：風衣

風衣除了擋風防雨的功能外，還須具備專業感，配得上妳衣櫃裡的其他服裝。不要買誇張、不必要的連身帽款式。

搭配性最強的款式：襯裡用拉鍊固定、可以取下的黑色風衣，代表經典、能幹與務實。它可以盛裝，也可以休閒。

布料：

- 撥水處理：可以容許少量的濕氣。
- 防水：可以對抗所有天氣。
- 閃亮的塑膠材質：避免。
- 不透明的尼龍（或尼龍混紡）：賦予知性有氣質的都會風貌。
- 微纖維或科技布料混紡：最新開發的產品，最實用。非常輕薄，因此方便打包，而且四季皆宜。

精挑細買術：大衣

大衣由於像制服般得體、加上大面積的布料，因此可以成為一個非常有力的飾品，而且它的顏色與細節可以反應妳的個性與品味。大衣就跟風衣一樣，必須跟妳衣櫃裡的其他服裝一樣，簡練又專業。

- 挑選容易搭配的大衣：不要太正式、太合身或太緊，必須可以好好蓋住套裝。
- 長度、顏色與剪裁必須搭配妳穿在裡面服裝的顏色與款式。
- 肩膀應該方正，接縫應該在肩膀的外緣。如果超過，表示這件大衣過大。
- 不要選擇肩膀誇張、過寬的款式，墊肩應該只有一點點。
- 袖子寬度應該可以讓手自由活動。
- 襯裡應該在衣服裡面鬆鬆地垂下，但不能超過下襬。
- 在一月底大衣拍賣時，購買款式經典的大衣。
- 購買妳預算內品質最好的大衣。
- 袖子長度應該到拇指根部。
- 不要購買有多餘的鈕釦、肩章與帶釦等裝飾的大衣。

首選：莫爾登毛呢（melton：堅固、耐穿，且夠厚實的羊毛）、喀什米爾、羊毛混紡。

精挑細買術：孕婦裝

懷孕並不表示妳就必須在身體變形的九個月內，放棄打扮自己的權利，穿得好可以讓妳每天早上穿衣服時有個好心情。把這個當做創造全新專業衣櫃的好機會。

- 幾套套裝就可以幫妳度過懷孕階段。它們相互的搭配性越強，妳就越不會感到無聊。
- 妳的體溫會上升，所以請選擇四季皆宜的布料，且多層次穿著。
- 衣服要盡量貼近身體——這樣會比又大又寬鬆的衣服還能修飾身材。不過不要穿太緊的衣物，往下垂的便便大腹一點也不專業。
- 素色比印花的搭配性更強，可以飾品來增加變化。
- 買黑色。它是衣櫃裡的百搭單品，而且顯瘦。
- 上衣買多一點——這是最快且最便宜就可改變面貌的途徑。
- 如果妳的腿很美，可以穿裙子，讓別人注意妳的美腿。
- 妳的腳可能會腫起來，也會變大，所以買穿起來舒服的鞋子，不過價格不必像妳沒懷孕時穿的鞋子那樣貴，因為孩子生下來之後，妳就不需要穿了。
- 支撐式的褲襪或緊身襪也有孕婦的尺碼。

Work
職場衣櫃
Wardrobe

任務達成！妳已經找到工作！接下來，妳必須建立一個可以為妳效命的職場衣櫃。怎麼做？1.增加衣櫃裡的套裝數量，以及2.知道該選擇哪些單品，當做創造各式各樣面貌的基本，例如：一疊俐落的襯衫、一件完美的A字裙；甚至可以馬上改頭換面的腰帶、圍巾和鞋子皆是。接下來我們要做的是，以簡單且有重點的衣櫃擴充法，因應妳未來兩年的職場需求。

「妳不能就坐在那裡，等著別人給妳那個黃金美夢。妳得自己努力，讓它為妳發生。」

——黛安娜・蘿絲（Diana Ross）

我的衣服看起來像個上班族嗎？

Suits First...

黑色套裝

深藍色套裝

四套必備套裝：把妳衣櫃裡的套裝由一套擴充到四套中性色、布料四季皆宜的套裝，必定能為妳的衣櫃帶來許多的搭配可能性。要精挑細買！每個單品都必須可以用不同的方式穿著，以創造出至少32種不同的面貌。這就是衣櫃經濟學（wardrobe economics）！

鐵灰色套裝

淺褐色套裝

Wardrobe Follows

衣櫃緊跟其後

Black+Color

黑色套裝這樣配

黑色套裝時髦、知性有氣質,而且不論在哪種場合都很適當。(它同時也顯瘦,基本上不怕髒,而且對最沒有信心的人而言,很安全。)黑色可以輕易跟任何顏色和材質的飾品搭配,每一種搭配組合,都能為簡單的輪廓帶來不同的特色。

皮包
酒紅色托特包=世故、有想像力。
駝色托特包=雋永。
黑色漆皮托特包=簡練。

鞋子
酒紅色後跟繫帶鞋=女人味、實用。
黑色包鞋=優雅、時髦。

基本顏色

完全採用中性色，包括訴求強烈的單一顏色搭配面貌，給經典的黑色套裝增添一點生命力。

基本襯衫

乳白色＝知性有氣質。
白色＝典雅。
黑色＝銳利。

季節色彩

把喀什米爾高領毛衣換成粉色的麻質女版襯衫，還有把冬天的黑色套裝換成百花齊放的鮮嫩春色。

秋冬選擇

紅色棉質襯衫＝大膽。
駝色高領衫＝典雅。
鐵灰色毛衣＝勤奮。
千鳥格女版襯衫＝好品味。

春夏選擇

紫紅色針織衫＝有活力。
薄荷綠棉衫＝深思熟慮。
天空藍亞麻衫＝和藹可親。

襪類

黑色不透明＝實際。
黑色透明＝盛裝、性感，最好在晚上穿著。
膚色＝保守。
這些顏色都可以跟這裡所展示的鞋子搭配。

Gray+Color

鐵灰色套裝簡練、稱頭且低調,是務實的日常必需品。棕色和黑色是搭配鐵灰色的經典色系,它跟任何顏色都很搭。跟斜紋呢布或方格圖案搭配,會讓這個低調的顏色增加豐富感與深度。

皮包和鞋子
單一色調:優雅、知性有氣質。
搭配黑色:都會感、時髦。
搭配棕色:有效率、很輕鬆。

基本顏色

中性色可以為鐵灰色套裝增添低調的知性氣質。如何避免灰色配灰色的乏味沉悶？搭配閃亮的緞面材質吧！

基本襯衫

灰色緞面＝引人注目。
白色＝認真誠懇。
黑色＝沉靜、酷。

季節色彩

容易搭配，從經典的藍色牛津布到活潑的粉紅色緞面襯衫，都可以搭配鐵灰色。

秋冬選擇

粉紅色緞面＝善於交際。

春夏選擇

條紋棉襯衫＝和藹可親。
藍色牛津布棉衫＝保守。
紅色針織棉衫＝活力。

襪類

黑色不透明＝實際、都會感。
可以搭配這裡的所有鞋子。
黑色透明＝盛裝。
可以搭配後跟繫帶鞋或包鞋。
膚色＝保守。

Beige+Color

淺褐色的套裝看起來總是時髦又低調。淺褐色如果搭配同色系、色調接近的服裝，就會顯得瘦長。如果要在夜晚場合以淺褐色盛裝打扮，就會是滿大的挑戰，搭配珍珠、金飾和褐黃色的珠寶，會比銀飾好看。不過，切記：淺褐色的保養較花心思，容易明顯看出髒汙和皺摺。

皮包

棕色托特包＝美式風格。
黑色肩背包＝職場基本款。
淺褐色手提袋＝優雅。

鞋子

棕色麂皮平底鞋＝都會感。
低跟黑色包鞋＝進取。
低跟淺褐色包鞋＝教養良好。

基本顏色

極簡的淺褐色如果搭配黑色、白色
和其他不同色調的淺褐色，會顯得
更簡潔。

基本襯衫

單色T恤＝簡練。
白色襯衫＝值得尊敬。
黑色襯衫＝富藝術氣質。

季節色彩

淺褐色套裝搭配紅色燈芯絨襯衫
（冬天）或糖果色的條紋襯衫（春
天）都適合。

春夏選擇

鮮亮條紋襯衫＝淘氣。
粉藍色針織衫＝深思熟慮。

秋冬選擇

中性色條紋襯衫＝好品味。
鐵灰色羊毛針織衫＝傳統。
紅色燈芯絨襯衫＝吃苦耐勞。

襪類

黑色不透明＝認真，搭配黑色或棕色鞋子。
黑色透明＝盛裝，搭配黑色或棕色鞋子。
膚色＝傳統，這裡所有的鞋子都可以搭配。

Navy+Color

深藍色套裝這樣配

深藍色套裝典雅又乾淨，是比黑色親切、溫和的替代品，卻仍然具備像軍隊般的幹練與彬彬有禮的氣質。深藍色幾乎可以跟所有顏色搭配，只有其他色調不一的深藍色例外，所以務必上下身一起買，不要跟其他套裝混合搭配。駝色和鐵灰色跟它很配，而條紋圓領襯衫則讓它有學院航海風的感覺。至於飾品，黑色通常會給深藍色套裝帶來盛裝的感覺，棕色和淺褐色則讓它顯得比較休閒。

皮包和鞋子

酒紅色尼龍皮革托特包＝都會感。
黑色托特包＝務實。
棕色包鞋＝實用。
低跟黑色包鞋＝威風凜凜。

基本顏色

深藍色搭配俐落的白襯衫，或仔細挑選其他可以跟深藍色搭配的上衣，看起來最像上班族。

基本襯衫

深藍色polo衫＝有效率。
白色襯衫＝俐落、保守。

季節色彩

夏天搭配粉彩色系、冬天搭配鮮豔顏色，很完美；不過，如果要用紅色搭配深藍色要小心，不要看起來太像海洋風的感覺。

春夏選擇

粉紅色棉襯衫＝學院風。
藍色亞麻襯衫＝活潑生動。

秋冬選擇

紅色針織衫＝海洋風。
藍色條紋襯衫＝愉快。

襪類

黑色不透明＝認真的上班族，可以搭配黑色或棕色鞋子。
黑色透明＝比較正式，可以搭配黑色鞋子。
膚色＝典雅，可以搭配黑色或棕色鞋子。

1 SUIT = 4 OUTFITS

一套套裝＝4套外出服

要建立職場衣櫃，就必須打好基礎——一套優質的套裝——然後再增加各種搭配的單品，以創造變化。怎麼做？秘訣就在於混合搭配這些單品，創造出亮眼的職場服裝。下列這些內容，就是以經典的鐵灰色套裝上下衣分別搭配不同的單品，讓這套套裝發揮最大的效用。

套裝外套 ＋ 裙子

剪裁講究的外套套裝可以搭配妳衣櫃裡的裙子和長褲，還有俐落的襯衫和很酷的高領衫，馬上讓妳變得有禮得體。好好想一想布料質地。如果外套的表面是平滑的平織布，就不要搭配布料太厚重或太輕薄的裙子——上下衣的重量務必相配。

套裝裙子 ＋ 兩件式毛衣

套裝裙子搭配女版襯衫、毛衣或短外套等，都能產生輕鬆卻專業、又女性化的感覺。檢查一下比例，比較寬鬆的上衣應該搭配窄裙，反之亦然。如果裙子腰部有皮帶環，就把上衣塞進去，再繫一條皮帶。裙子搭配兩件式毛衣的組合，看起來有精神又像個淑女。

套裝外套 + 高領衫

黑色高領衫搭配套裝可以傳達創意、酷（想像一下50年代的垮世代〔beat generation：美國50年代一群年輕創作者賦予自己所屬世代的名稱〕詩人的樣子），至於彩色的高領衫則有學院風和清新的感覺。再搭上風格相同的飾品，例如：靴子、不透明黑色絲襪和一個夠大的皮包，就能平衡黑色高領衫的整體風格。

套裝長褲 + 外套

套裝長褲不論是搭配對比的外套或單色女版襯衫，都有時髦、隨時隨地可以打拚的感覺。如果搭配前面有拉鍊的無領外套，馬上就能讓長褲展現認真的態度。如果搭配兩件式針織毛衣，就會顯現女性化又有精神的面貌。

Wardrobe Enhancers...

外套的強烈存在感讓妳的外表有整體感，帶來色彩與質感；不論是細緻的裙子或牛仔布，只要加上外套，馬上就讓人尊重。增加外套，能有效擴充妳的衣櫃。

獵裝短外套

稱職、可親。典雅合身的剪裁，例如有力的肩膀、單排或雙排的釦子，還有延伸到臀部底部的摺邊。

開襟羊毛外套

感覺處於工作狀態，但比較輕鬆。有垂墜的合身感，很方正，可以抓個腰身或延長到臀部下方。

顏色

外套可以用各種顏色改變整體面貌（不過紅色、檸檬黃或淡紫色的長褲卻很少見）。

雙排釦

非常幹練、非常專業。它的雙排鈕釦和稜角分明的剪裁、挺直往上的翻領，讓它比單排釦外套更讓人印象深刻。它比較正式且氣勢宏偉。穿著時，鈕釦務必都要扣上，只有最上面和最下面的鈕釦可以不扣。

黑色外套

黑色外套將是妳衣櫃中最經典、搭配
性最強,且最有權威感的單品;它是
職場的必備品,也是妳在職場上最佳
的投資(服裝方面)。

外套
Jacket

Knit Tops

針織上衣

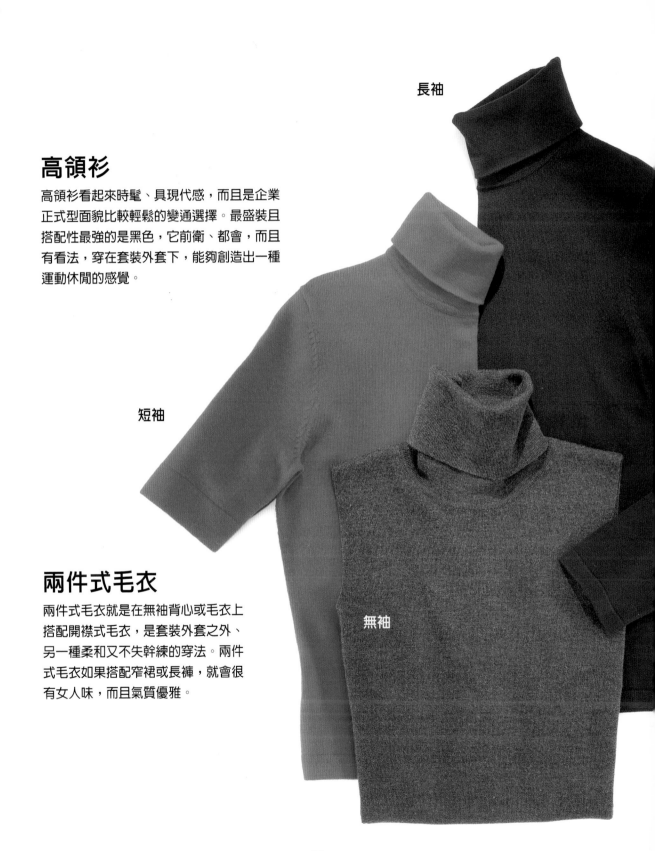

長袖

高領衫

高領衫看起來時髦、具現代感，而且是企業
正式型面貌比較輕鬆的變通選擇。最盛裝且
搭配性最強的是黑色，它前衛、都會，而且
有看法，穿在套裝外套下，能夠創造出一種
運動休閒的感覺。

短袖

兩件式毛衣

兩件式毛衣就是在無袖背心或毛衣上
搭配開襟式毛衣，是套裝外套之外、
另一種柔和又不失幹練的穿法。兩件
式毛衣如果搭配窄裙或長褲，就會很
有女人味，而且氣質優雅。

無袖

Skirts 裙子

裙子如果搭配外套，會讓整體外貌看起來伶俐、又超有女人味。單獨穿時，是長褲之外，另一個典雅幹練的選擇。妳的目標：補充長褲、合身度和剪裁都能輕易搭配妳衣櫃裡套裝外套與其他服裝的裙子，不過要記住：裙子的款式很多，不同的款式可能讓妳看起來時髦、氣質高雅（得體）或孩子氣、挑逗、邋遢（不得體）。穿中等高度、厚跟包鞋時，請搭配不透明或半透明的褲襪；穿經典的高跟包鞋時，請搭配透明、半透明或不透明的褲襪，或是穿最保守的膚色絲襪亦可。

採購首選

黑色及膝、輕薄羊毛、腰線乾淨清楚、沒有皮帶環的直裙，即使是最保守的職場環境，也能接受這種款式。額外好處：它很顯瘦，很容易跟衣櫃裡的其他單品搭配，而且只要改變飾品，就能輕易變盛裝或輕裝。

及膝＝工作認真

小腿肚＝專業、謙虛

腳踝＝風雅、搖曳生姿、放鬆

Pants

儼然是象徵女人掌權的長褲,已經變成所有職場衣櫃的標準配備。得體且剪裁講究的長褲可以讓妳展現不同於洋裝或裙子的輕鬆和務實的面貌。多準備幾件不同的長褲,就能讓妳的衣櫃搭配組合成等比級數擴充。不過長褲的款式變化很多,關鍵在於務必選擇版型和布料夠專業且能修飾身材的長褲。部分保守的企業環境認為女性不適合穿長褲,如果妳在這樣的環境下工作,就要一直穿裙子,直到妳確認正確的穿著規範為止。

黑色長褲
搭配性強,四季皆宜,修飾身材。選擇布料輕薄或中等厚薄、四季皆宜的羊毛布料所做的黑色長褲,因為它幾乎可以跟妳衣櫃裡的所有上衣搭配。

前面打摺、褲腳反摺長褲
經典、有整體感，可以搭配合身的男版襯衫或漂亮的女版襯衫──搭不搭外套皆可。

有彈性的布料會讓長褲穿起來比較舒服、比較合身，而且較不會變型。

皮帶環
需要繫一條皮帶。

前面無摺長褲
乾淨俐落、時髦、有整體感。淺褐色長褲如果搭配黑色上衣和黑色飾品，會顯得優雅又友善。如果搭配粉藍色或白色，則會顯得柔和又有女人味。

前面打摺、比較寬的褲管，以及有點垂墜的布料。

卡其褲
多虧了網路業者，卡其褲成為輕鬆的工作環境中不可或缺的要件。卡其褲如果搭配獵裝短外套或兩件式毛衣、幹練的靴子或鞋子、優質的飾品等，就能馬上變得得體。設法把它們穿得比較正式，不要讓它們把妳變邋遢。

＊ 穿低腰褲去上班時，絕對不能露出身體的任何部位。

Dress

洋裝比套裝有女人味，雖然搭配性較低，卻是女人的秘密武器：可減少搭配個別單品的時間與困擾。

採購首選

黑色洋裝只要剪裁、布料、搭配的鞋子和包包不同，可以馬上讓妳變得正式或輕鬆。額外好處：有顯瘦效果，掩飾不完美的做工，還能讓別人注意到妳的臉，達到妳想要的效果。

鞋與襪

中等高度、中粗跟的包鞋和經典的高跟包鞋。穿中等高度包鞋時，請搭配不透明或半透明褲襪；穿高跟包鞋時請搭配透明、半透明或不透明褲襪，穿膚色絲襪也可以（尤其是在盛裝的夜晚場合時）。

洋裝套裝

若夜間下班後有重要的場合需參加，請在洋裝上搭配一件外套。如此一來，既可以是嚴謹的上班套裝，也適合歡快場合——只要脫掉外套就可以了。

款式	定義	意涵
洋裝套裝	相互搭配的洋裝和短外套	氣質優雅、沉靜的自信
貼身洋裝（sheath dress）	直截了當、寬鬆但合身的圓柱體	傳統、工作努力
襯衫式洋裝（shirt dress）	前面開釦、概念源自男人的襯衫	女性化、有彈性、俏皮
包裹式洋裝（wrap dress）	包裹式V領、必須自己綁帶子	稱職、優雅
針織洋裝	針織布	保守、舊世界的優雅

BUSINESS
Denim

職場牛仔裝

牛仔裝原本是礦工、大學生和週末勇士們的專屬服裝，現在已經擺脫過去粗魯的形象，變身為文明職場的文雅穿著。在一個休閒屬性的辦公室內，牛仔裝可能適合跟其他正式的職場服裝搭配，例如合身的外套或兩件式毛衣。不過，穿的時候要小心！為了達到職場服裝的要求，布料務必慎選，衣服狀況要良好，且要完美合身。在辦公室場合裡，所有打扮中只能有一件是牛仔布料，請用精緻、高品質的對應單品（如：外套、裙子等）加以均衡。

顏色
越深越正式。

長度
裙子長度剛好及膝或膝下。

裙子
上衣不要太休閒。請搭配俐落、乾淨、扣好鈕釦的襯衫、適合職場的外套，或兩件式毛衣，塑造精神抖擻又休閒的面貌。

外套

外套可以讓牛仔服馬上變得有份量。

合身度

務必留意臀部周圍的合身度。太緊看起來會太輕挑，太寬鬆又會顯得漫不經心；有些彈性可以讓牛仔服不會變形。

俐落又乾淨

不可以有皺摺或磨損。上班要穿的牛仔服裝，不妨乾洗或整燙。至於顏色，請選黑色或深藍色。不可以褪色漂白。

直筒褲

請選擇直筒褲或窄管褲，不要選擇寬褲管。

Shoes and Bags

鞋與包

功能繁多，還有，承認吧，又有趣的配件，可是塑造女人迷人丰采的好道具。它們同時也是妳每季更新職場衣櫃時，最迅速、又經濟實惠的工具，一雙新鞋或一個新包包，就能讓妳煥然一新。

聰明的選擇：

- 類似手抓包這種小一點、可以放在大一點的手提袋中的包包，在妳中午外出用餐或晚上有活動、不適合帶托特包或公事包時，就很有用。
- 如果妳還沒有買一雙既適合上班穿、又適合晚上盛裝打扮的經典黑色包鞋，請把它列在購物清單的最上面。

Tote

托特包

托特包規格
高10³/₄英吋 × 寬16¹/₂英吋 × 厚3¹/₂英吋

Briefcase

公事包

隨著妳的事業發展，工作會佔據妳更多的時間——還有衣櫃。妳會需要一個手提袋，不論是托特包或公事包皆可，不過都必須看起來得體，而且放得進檔案夾、筆記型電腦、辦公文件，還有會議筆記等。

公事包規格
長10¾英吋×寬14½英吋×厚3¾英吋

Belts

裙子或長褲只要有皮帶環，就必須繫皮帶。反之亦然：如果沒有皮帶環，就不太適合繫皮帶。皮帶可以讓妳有精神，所以應該要樸素、搭配性強、品質好。至於流行，以後再說吧！

皮帶

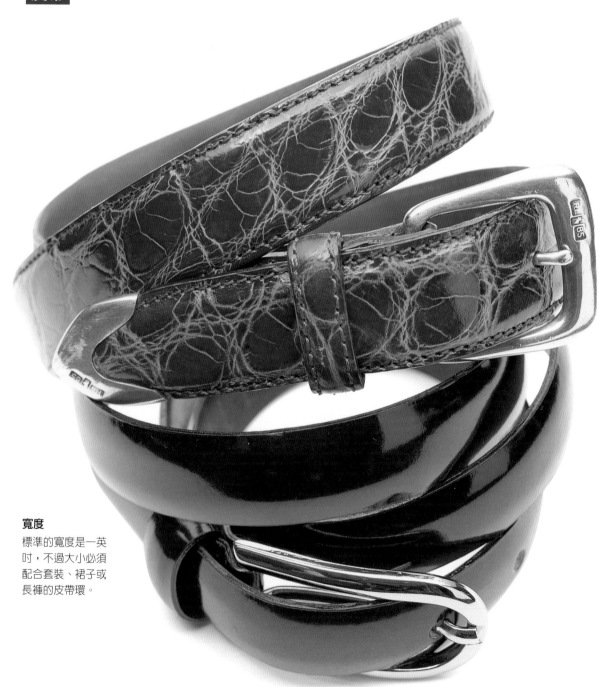

寬度
標準的寬度是一英吋，不過大小必須配合套裝、裙子或長褲的皮帶環。

Scarves 圍巾

圍在脖子旁邊或垂在肩膀上的圍巾，可以為正經的上班
套裝增添一點女人味，也能為衣服帶來新生命。圍巾可
以讓平淡的套裝立即帶來色彩與圖案，也讓別人注意到
妳的臉。

如果不想戴項鍊又想顯得有型的話，不妨用圍巾打個領巾：

1. 把一條方巾摺成四　　2. 放在脖子上，在前　　3. 把兩邊再繞到妳的　　4. 這是從後面看到的　　5. 這是從前面看到的

Raincoat 風衣

經典的風衣是不可或缺的必要品。由於它非常實用，有時候，它將是妳留給別人的第一個和最後一個印象。選對風衣，可以讓妳看起來俐落、清爽，讓妳可以在存夠錢、買羊毛大衣之前，先頂著用。

採購首選

選擇一件棉質或羊毛斜紋防水布的軍裝式大衣或粗呢大衣（單排釦，有肩章的袖子），裡面最好有活動拉鍊式的微纖維內裡。大小務必能夠舒服的穿在妳的套裝外面，而且要夠長，可以蓋住裙子。

Burberry經典款

1856年，英國運動服裝製造業者湯瑪士・柏貝利（Thomas Burberry）創造了斜紋防水布材質的軍裝大衣，結果成為19世紀冒險家、偵探、間諜和各個世代專業人士的制服。Burberry的經典軍裝大衣從1917年起，就一直成為職場男女的熱銷商品，迄今總共賣出一百萬件以上。

下扣式肩章
以前是把來福槍固定在肩膀上的工具，現在則是文明人的必要裝飾。

防風片
胸前部位有鈕釦。

可調式袖口
幫助擋風。

透氣布料
由英國運動服製造商湯瑪士‧柏貝利首創的軍裝大衣是緊密編織的棉與羊毛材質（他把它稱做軋別丁gabardine，也就是斜紋防水布），讓空氣可以穿透布料，去除麥金塔布料（mackintosh）潮濕不透氣的功能。

布製腰帶
通常繫緊（在前面或後面），而不是扣起來，絕對不能放任衣襬盪來盪去。

羊毛內裡
隔絕寒冷，必須可以拆卸。

長度
軍裝大衣的長度必須比妳的裙子套裝還長。

顏色
卡其色最經典，黑色則是新的經典色。

雨傘

除非妳要找的是不能折起來的傳統正式雨傘，否則，一支旅行用的摺疊傘，是最適合職場需要了。妳可以在陰晴不定的日子中把它塞進托特包，或在外出旅行時，打包放在行李箱裡。黑色很低調，而且跟所有東西都能搭配。

Cold Weather
NECESSITIES

冬天必備

大衣看起來像制
服般正式得體，
加上厚重的布
料，是非常有
力量的配件。經
過一段時間，妳的大
衣會越來越多，但此時，
妳首先要買的第一件大衣應
該實用、簡練又專業。

冬天的圍巾
有型又實用。請選擇顏色
鮮豔或中性色的羊毛、羊
毛混紡或喀什米爾羊毛材
質，不會過長或過大、也
不會太厚的圍巾。

羊毛帽

很好的配備。黑色、
耐風雨的經典款式。

手套

幹練、隨時做
好準備。黑色
真皮手套應該
就夠用了。如
果要更保暖，
就加襯裡。

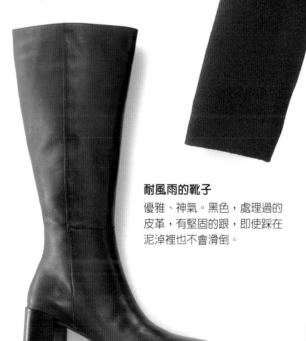

耐風雨的靴子

優雅、神氣。黑色，處理過的
皮革，有堅固的跟，即使踩在
泥淖裡也不會滑倒。

大衣

選擇優質羊毛材質、線條乾淨、夠長且夠
大，能夠舒服的將套裝穿在裡面的大衣。
黑色最好搭，不論白天或晚上，看起來都
很棒，而且耐髒。駝色和深藍色則適合白
天穿；紅色代表強勢的專業能力與專業風
格。請選擇可以搭配妳冬天其他配件（帽
子、圍巾、手套和靴子）的大衣。

Work Wardrobe:

妳的孕婦裝應該就是妳職場衣櫃的濃縮版，也就是說同樣必須是有專業感又幹練的衣服——除了尺寸變大，加上這裡、那裡需要多一點彈性外——這樣妳每天早上穿衣服時，心情才會愉快。

上衣

在寬鬆的襯衫與／或外套或開襟毛衣裡面穿一件合身的底衣，例如T恤、短袖緊身衣、貼身的毛衣。

混搭

為了增加變化性，多買一點上衣（不同顏色），來跟數量較少的下衣混合搭配。

長褲

彈性腰帶＋彈性布料的長褲，是孕婦的救星。

顏色

買素色的衣服：不僅比印花更好搭，也可以用配件增加花樣。

合身度

請穿比較貼近身體的衣服，這樣比穿寬鬆的衣服更能修飾身材。不過，千萬不要穿非常貼身的衣服，並不適合職場。

鞋子

不要因為腳變大，就花很多錢買新鞋。買便宜的鞋就好，因為妳以後可能永遠都穿不到這些鞋。

Maternity

職場衣櫃：懷孕

多樣搭配性

一件簡單的黑色洋裝，讓妳進出任何場合都不會失色——從商業午餐到婚禮皆可。

細節

為了避免從頭到腳的份量感，裙子千萬不能太大，還有長褲收邊務必平整，而且褲管要窄。

襪類

請買有支撐力、孕婦尺寸的襪子或緊身襪，以舒緩腿部的腫脹。

CLOSET

職場衣櫃
work wardrobe

衣櫃

在妳累積自己工作能力之際，也要同時建立好自己的職場衣櫃。職場衣櫃就跟妳讓人印象深刻的Rolodex旋轉名片盒、手邊的檔案管理系統、對客戶的敏感度等一樣，是另外一個永遠可靠、可以讓妳在工作上展現獨特迷人丰采的實用職場工具。

衣櫃更新

妳有四件上衣可以搭配那四套中性色的套裝。這四件的款式、顏色和布料四季皆宜，任何場合與心情都適用，還有適合整體打扮和場合的鞋子和手提袋，以及其他妳為了任何工作（或天氣）場合準備的畫龍點睛飾品。要做到這些，並不需要購買大量的衣服。妳的衣櫃，就跟妳的書桌一樣，應該裝滿妳需要的供應品。妳看不到的，就不會穿，所以關鍵就在於必須好好整理妳的衣櫃，千萬不要塞爆。如此也比較容易看一眼，就知道該如何搭配。把工作上要穿的專業服裝放在一起，方便自己可以迅速檢閱服裝；把類似的衣服掛在一起，再依照顏色分類。夏末和冬末是評估專業衣櫃下一季是否夠用的最佳時機，先清乾淨，然後把過季的衣服和飾品收起來。

服裝檢查

• 離家前，在自然的燈光下檢查色彩搭配是否協調（尤其是襪類）。
• 如果有衣服需要修補，馬上就拿去裁縫那裡。
• 檢查妳的鞋子。磨損的鞋子會讓妳的形象減分。
• 銀飾珠寶要保持乾淨。
• 套裝的上下衣要一起乾洗，以免產生顏色或色澤的差距。
• 衣服不要經常乾洗，因為很傷衣料。

生活的改變

親愛的金與傑夫：
我已經準備要在工作上做一些改變。我將從紐約的一個大學顧問變成加州某間大學的學院院長。我該如何改變穿著，好因應這個權力職位全新的改變，可是又不至於破產？還有，我應該因為要搬到加州而改變穿著嗎？畢竟，住在紐約就等於是活在黑色中。

——即將成為院長的人

親愛的即將成為院長的人：
妳說得沒錯，加州跟紐約不一樣；不過，院長是一個非常顯眼的主管職位，所以套裝最能反映妳的專業權威。請投資購買一套好的套裝，然後透過裙子、鞋子或在頸部圍上不同的圍巾，來改變妳的面貌。不妨考慮買一支好錶，它是一個能夠彰顯成功氣勢的實用珠寶，而且妳每天都用得到！

——金與傑夫

Get Better Job

3

權力衣櫃

權力讓人難以捉摸，總是會有人比妳擁有更大的辦公空間、更明亮的辦公室、更好的公司、更豪華的噴射機等。真相是，成功不是來自擁有權力，而是來自追求過程中的快樂、來自樂在工作，以及把工作做好的成就感。妳的服裝應該能夠表示妳絕對能毫無疑問地勝任目前的地位——而且／或準備接受接下來的挑戰。為了充分傳達這個訊息，妳的服裝就跟妳的行動一樣，都必須直截了當，且前後一致，而且，沒錯，還必須夠聰明。精穿細著吧！

穿出自信
——認真看待穿衣這回事

長久以來，男人以公事包的輕重來決定權力的大小——職位越高，公事包就越輕、越小。女人往往發現很難戒掉大包小包的窘狀，請投資一個比較小的皮包，其餘的，自然就會上軌道。

不論妳對自己目前的狀況多有自信，都絕對無法避免需要展現權力形象的壓力。畢竟，總是必須在官比妳大的人面前留下好印象。更何況，如果妳看起來適得其所，不僅可以保護妳目前擁有的權勢，還能為將來更上一層樓的發展鋪好路。追求讓自己看起來恰如其分的權威形象，是一輩子都必須努力的目標。它需要一點點的自我檢視，加上許多的辨別能力——就是選擇可以讓妳贏取他人尊重、散發優質內在、又能反映出妳特有權威感服裝的能力。

權威穿著

「我以前上班每天都穿緊身褲，」哈潑柯林斯執行長珍・費德曼說。「不過，在我成了執行長之後，這些褲子就會顯得太沒份量，讓我看起來不夠格勝任新的職位。現在，我一個禮拜做兩次頭髮，每個禮拜修指甲，而且我對於自己穿的衣服的確會花比較多的心思。」

擔任領導者的角色時，妳的責任就是要製造影響力。不論妳是在發送備忘錄或在走廊走動、打算去開會，都必須傳達自信、正直、優質、權威與權力。

妳的服裝可以幫助妳達到這個目標，它們可以為妳傳遞一個清楚且前後一致的訊息，不僅能強化妳的身分，還能符合妳的個性和工作原

則。以上這些，對妳的衣櫃而言，代表什麼意思？一般而言，所有東西都需要升級，套裝的質地應該更好，飾品的選擇應該更用心。

至於特定的細節，例如：哪些面貌可以彰顯權威，則跟產業、辦公室與個人息息相關。妳的工作就是好好調整妳的衣櫃，擬定一個可以讓妳看起來、感覺起來有權力的制服。如果妳在一個講究創意的地方工作，可能就必須做極簡打扮，加上一點象徵權威的時尚：麂皮裙、靴子，還有高領衫或黑色長褲、俐落的白襯衫和皮外套。如果妳在銀行界工作，權威可能來自升級套裝的品質，買一或兩雙真正好的鞋子，還有一或兩個真正好的皮包。

品質大檢驗

一個做工良好的真皮筆記本或一枝好筆，都有助建立一種認真、有教養和有決心的形象。此外，它們也是既實用又有趣的工具。不過，花了錢，並不保證品質就會好，或功能特優──用鋼珠筆記錄聰明的想法就跟用名筆記錄一樣流利。

品質力量大

「我向來都買好東西，當做投資，而且好好保持，」旅遊＆休閒（ *Travel & Leisure* ）雜誌主編南西・諾佛葛洛德（Nancy Novogrod）說。「這並不是我愛慕虛榮，而是我覺得這是我的責任，我在這個職位上，就必須買不錯的衣服，而且必須看起來有特定的型。」

出版人茱迪絲・雷根對於如何穿出權力一事，也有類似的原則。「我的風格一直沒有改變；我的衣服只會隨著我變有錢而變得越來越好──裁縫也變更好、布料也變更好。」

優質的物品必定做工精緻，有徹底的完成感，而且是由最頂級的材料做成的，例如：喀什米爾毛衣、勞力士錶（Rolex）、捷豹汽車（Jaguar）。品質是第一個也是最重要的存在感指標。如果妳的思考與行動夠用心，必定也會用心選擇妳的服裝。在職場叢林遊戲的這個階段，妳買得起好東西，人們也會希望在妳身上看到好東西。這不是奢侈，而是規定。

學會辨認各種物品的品質優劣。到蒂芬妮（Tiffany）走走、在Hermès店裡逛逛、上個品酒課、瀏覽設計師精品店或百貨公司裡設計師品牌的樓層，然後試穿一下亞曼尼（Giogio Armani）、卡文克萊（Calvin Klein）、唐娜卡倫（Donna Karen）等名牌的套裝。看看這些套裝跟妳常穿的套裝有何不同？看看腰帶、接縫處的做工、內裡，留意一下布料的質地：它的重量、垂墜度，還有觸感。

色彩力量大

「棕色就是我的黑色，」新聞集團的安熙・迪士尼如此說道。「我大部分衣服都是棕色，然後再加上灰褐色，做一點小小的冒險。棕色適合我的膚色，我的頭髮和眼睛都是棕色的，皮膚也曬成棕褐色。很多人沒辦法穿棕色，所以這點算是我小小的獨特之處。」

設定一個獨特的色彩可以簡化購物和穿著的心力，製造強烈的主張，而且給妳一個絕對不會被別人忽略的個人獨特性。淺中性色（乳白、淺褐色）、紅色、黑色、白色、藍色，以及搭配有活力的套裝的粉彩色等，都是象徵權威的顏色。

此外，在嚴肅的商業場合中，例如前眾議院議員派特・斯葛德在任職期間就發現在眾議院幾乎看不到任何色彩，不過，色彩在那裡卻很受歡迎，更是聰明的展現：

「在我任職眾議院期間，發現裡面大概有450個人都穿深色西裝，所以我就在想，我可以做什麼？我決定為這個地方帶來一點色彩。我的選民就坐在樓上，他們比較容易看到我。如果有人攝影，我也會比較明顯。」

矛盾的力量

好布料、乾淨、建築物般的線條等，都是我們想到能代表權威的服裝時，首先浮現的印象。在今天的職場世界中，女人不需要用輔助線條的墊肩來獲得別人的尊重，單一色系、線條柔和的服裝也可以傳達出同樣的主張。重要的是從衣服裡面流露出來的真正自信，而非縫在衣服上的自信表相。

鶴立雞群才能與眾不同

妳不一定永遠都得追隨大眾。1977年當派特・斯葛德在《紐約時報雜誌》（*New York Times Magazine*）封面眾多當選的女眾議員中，她是唯一一個不是穿著「一點點西裝和一點點領結」的人。「我不是男人的翻版，」她說。「而且事實也是如此，我做不到。」所以她穿的是洋裝。猜猜看，最後那些女眾議員中，哪一個最後參與總統競選？（斯葛德曾宣布競選1988年的美國總統，最後在1987年9月宣布退選。）

下面這些人是可以不用管什麼穿著規範的：在非常富有創意產業中工作的人；為自己工作的人──康德奈斯特出版集團（Conde Nast）的老闆西・紐豪斯（Si Newhouse）就以穿著灰色棉質T恤聞名；在特別輕鬆、沒有什麼穿著規範的公司上班的人；那些被別人叫做「老闆」的人──出版業者桑尼・馬哈塔（Sonny Mehta）最有名的就是可以今天穿西裝打領帶，隔天又穿T恤和真皮涼鞋來上班；還有那些工作表現特別優秀的人，以及在所有人之上的人。

如果妳跟某個不遵守任何穿著規範的人工作，在仿效他／她的穿著前，務必三思，因為妳可能不適用那種做法，但如果妳真的適用……

穿著得體，更上層樓

——為妳的新職位而穿

為妳的下一個職位而穿

權勢衣著的意思就是往前看，知道妳想要走的路是什麼，然後從所有層面好好準備自己。妳不可能先找到工作之後，再學必要的技能。妳的外表也是同樣的道理：妳必須在別人給妳工作之前，就看起來像是跟他們同一掛的人。職位越高，就越需要注意枝微末節。沒有人會甘冒：「我們就再看看她最後是否夠格做這個工作」的風險。妳現在的外表和舉止都必須為未來鋪路，為明天而穿，行為舉止就好像妳已經達到設定的目標，如此，妳就已經成功一半了。

如何看起來「更有份量」

專業形象：穿套裝。如果妳已經穿套裝了，就把套裝升級為更好的布料、更講究的剪裁等。選擇細節可以馬上彰顯妳的優雅與禮儀的單品，例如時髦的高跟鞋、俐落的有領襯衫或珍珠。其他象徵職場可靠形象的東西包括：深色和毫無瑕疵的儀容，以及任何可以低調顯示絕佳組織能力的東西——不論是Palm（而非皺巴巴的行事曆）或一個小到不能再小的手提包皆可。

責任感／可靠：務必留意所有細節。把髮型弄好、修一下指甲、整理一

下妳的手提包、擦亮妳的鞋子。

有主管潛力：良好的管理能力是和藹可親和權威之間的均衡展現。建議妳設法在輕鬆的外表上增加一個象徵權威的單品，以塑造融合上述兩種風格的優雅形象。如果想要塑造比較溫和的企業正式型形象，不妨穿麂皮外套配窄裙和高跟鞋；或是選擇一套輕鬆的灰褐色套裝──卡其褲加上一件時髦的西裝外套。

獨立：冒個險吧！脫離一下常軌。如果妳的同事都陷在工作得體型的刻板印象中，妳就穿套裝，裡面搭一件色彩繽紛的女版襯衫，或穿紅色細高跟鞋。如果妳戴眼鏡，請選擇可以展現妳個人風格的鏡框。如果妳不戴眼鏡，不妨考慮買一副當做一種時尚主張。

心胸開放：把襯衫的鈕釦解開一點；頭髮不要全部都噴上髮膠；用兩件式毛衣取代西裝外套。每隔一段時間，就給妳的外出服增加一點曲線──戴一個具有特殊意義的別針，或穿一雙有女人味的後跟繫帶鞋。

有創意：展現一點個人風格。在頭髮上綁一條圍巾；嘗試一下最新流行的鞋子；試一下本季最新的關鍵色彩──檸檬黃、吉普賽紫；戴項鍊、手鍊，或妳喜歡的耳環。稍微竄改一下企業的穿著規範。

權威的：把妳的套裝升級。升級妳的鞋子、手提袋和大衣──好的布料加上專家的做工，表示認真的工作態度。穿可以彰顯權力與命令的東西，例如直條紋或紅色。在高品質、Hermès圍巾或設計師手提袋等具有個人特色的飾品上投資。

友善的：善用顏色；穿有幽默味道的服裝；穿上面有圓點、花朵圖案或色彩有趣的女版襯衫；在脖子周圍鬆鬆的綁一條圍巾。

溝通能力強的／熱情的：輕鬆一點。選擇針織衫，不要穿平織布料，以毛衣取代外套；用柔和的裙子代替硬梆梆的長褲套裝；要有女人味──穿洋裝、漂亮的女版襯衫，是柔和的顏色，而非深色。

形象小物

只要妳能掌控自己的形象，就能掌控自己的人生。

小東西：可以為妳加分的飾品

從看起來跟大家是一掛的到成為其中的領導者，往往只要透過飾品的改變，就能迅速改變整體面貌。如果是在跟流行有關的行業工作，請買具有時尚感的手提袋或鞋子。如果在法律、不動產或非常正式的企業環境中工作，就請投資購買高品質的公事包、筆或行事曆。如果妳必須經常招待客戶，可能需要考慮購買一個高品質的設計師皮包。在任何頂

級行業中，一支頂級的手錶就是成功與權力的象徵。投資購買一、兩件可以彰顯妳認真態度的單品，讓妳看起來、感覺起來就是行業裡的頂尖人物。

前後一致＝值得信賴

在艾爾‧高爾（Al Gore）競選美國總統時，他把自己原本非常正式的鐵灰色西裝換成前面有打摺的輕鬆長褲，把漿過的襯衫換成在熱門酒吧中經常可見的時髦Henleys T恤（Henleys是1997年在英國推出的年輕人休閒服品牌），還偶爾被看到戴著牛仔帽。「他突然從木頭先生變成酷酷先生、雅痞先生，非常出乎大家的意料之外。這簡直就是一場公關大災難，」凱西‧亞德蕾（Kathy Ardleigh）說。她數十年來都在打點政治人物的公眾形象，目前在福斯電視監製相關節目。「他們想要透過打扮改變他的個性。然後，你知道怎麼了嗎？當人們開始感到不舒服時，就會表現出來。妳可以扭轉一個人的外表，但不能過於劇烈。」

服裝有助強調原有的人格特質——套裝可以強化妳的決心面；高跟鞋是砥礪殺手本能的好工具——它們雖然像戲服，可是也沒有辦法創造一個截然不同的妳。此外，如果妳工作環境的穿著規範跟妳南轅北轍，那麼妳所加入的企業文化可能也不適合妳。

蘿拉‧布希則剛好相反，不論是擔任德州州長夫人或美國第一夫人，都保持相當一致的面貌。「我喜歡她對自己夠自信，不覺得自己需要做什麼重大的改變，」亞德蕾說。

教訓：穿著得體，融入其中，不過必須適合自己。務必對自己誠實，如此才能展現妳的真實特色！

穿著登龍術

一致的風格：寫下妳自己的穿著密碼

如果妳獨特的才智讓妳達到某種層次的地位，讓妳可以自由創造獨特的個人穿著密碼，那麼，請妳現在打破規則，探測底線。不過，務必留意，當妳如此做時，就在跟那些為妳工作的人傳遞一個明顯的訊號，表示他們也可以比照辦理——探測規則底線。

一致的決定

在妳開始上班的第一天，妳可能就已經有一套套裝、一個顏色、一個個人面貌。接下來就是一段充滿了衣櫃實驗、衣服來來去去，接著累積的工作階段（又叫做衣櫃青春期〔closet adolescence〕）。現在，妳的目標是再度回到單一的個人面貌：理想上，一套套裝、一種輪廓，還有一個前後一致、被當做妳個人卓越形象的背景。妳的面貌越清晰準確，影響就越大，更讓人難以忘懷妳的存在！

個人特色單品

頂尖文化經紀人賓姬・厄本（Binky Urban，本名為Amanda Urban，是紐約最有權勢的小說經紀人）總是穿著淺褐色、有個人特色的套裝；小甜甜布蘭妮則以裸露肚子建立自己的名聲。全世界的時尚名人全都有獨特的註冊商標：凱莉・唐凡（Carrie Donovan）的超大眼鏡；《*Vogue*》編輯安娜・溫陀那（Anna Wintour）那無可挑剔（且不會弄錯）的鮑伯頭（bob）。

如果有任何獨特的細部裝飾自然而然成為妳的風格時，不妨考慮特別強調，把它變成妳的個人特色：也許是一個顏色，或妳穿起來從來不

會出錯的某個設計師品牌。也許妳有一個家傳的照片盒項鍊（locket），或某個妳喜歡的、獨特的設計師品牌珠寶。如果妳抗拒不了圍巾的吸引力，不妨考慮蒐集幾條Hermès圍巾。如果妳屬於典雅派，也許妳的註冊商標就是珍珠。要有創意，想想看那些妳欣賞的女人怎麼穿的——什麼東西讓她們令人印象深刻？

細節學問大

線條輪廓：選擇一個符合妳體型的服裝線條輪廓，例如：總是穿雙排釦，或窄裙配兩件式毛衣。這個線條輪廓就會成為妳所有裝扮的背景。
顏色：找出一個可以讓妳看起來突出的顏色。妳是不是比較適合單一的黑色、珠寶般閃亮的光澤，還是粉彩色？是代表權力的紅色，還是乳白色與淺褐色？
風格：找出妳的風格，然後堅持到底。妳喜歡典雅的打扮？還是有點時髦味道的衣服？或是兩者的混合？
飾品：往往就是這些細節讓整體感覺截然不同。
- 妳是否總是拿經典的凱莉包，還是喜歡每一季換新包？
- 妳的衣櫃裡是否都是歷久彌新的服飾，還是妳每天都得戴卡地亞的Tank手錶，才會有自信？

　　這個時候的目標就是問問自己：「我需要的五個東西是什麼？」以此做為整理衣櫃的依據。

單色的魅力

　　給那些在尋找終極個人主張的人：選定一個顏色。找出一個最能代表妳的顏色，然後放棄其他所有的顏色，徹底的從衣櫃裡移除。黑色是常見的選擇；許多髮色淺的人會選擇中性粉彩色，超級大律師葛洛莉亞·亞爾芮德（Gloria Allred）就以姓名裡的紅色（red）做為自己的代表色。

　　女人只選擇穿著一個顏色，就像男人選擇穿制服一樣。至於結果，則是絕對屬於妳的優雅都會魅力、又能留下深刻印象的面貌。另外還有一個意外的收穫，這是那些穿黑色西裝的男人幾十年前發現的：打扮好再去買東西，基本上可以讓妳沒有壓力，也不需花太多心思做決定。

晃來晃去、叮叮噹噹

雖然規定工作時不能戴著叮叮噹噹的珠寶，但如果這是妳的個人特色，就可以放寬規定。妳可以把在會議桌上叮叮噹噹或在走路時匡啷匡啷的手鐲，當做自己的個人特色。不過，請妳記住脖子上被老鼠套上鈴鐺的貓這個寓言故事！

精挑細買力量大

要花時間——因為這是一種投資

妳在公司的地位越高，重要性跟服裝的成本就越大。採買衣服時要捨得花時間，務必要買得聰明。只買那些可以讓妳穿起來像個百萬富翁、能開心大笑的衣服。此時，妳知道自己喜歡穿什麼衣服（長褲套裝、全部都是淺褐色，還有大膽的耳環），還有不喜歡的衣服（洋裝、鮮艷的顏色和平底鞋）。堅持妳所喜歡的，不過把品質升級。而且無論如何，聘請一個個人購物顧問（personal shopper：專門陪伴特定顧客採購衣物的人，通常具備形象顧問的證照）吧！

市場研究

在工作上，妳是主角，妳把一群才華洋溢的人才組成一個團隊，幫助妳把事情做好。現在，該是選擇一個好的衣櫃夥伴，幫助妳的服裝不致過時，而且永保光鮮的時候了！對職業婦女而言，最不可或缺的專家就是個人購物專家。不論是妳自己聘請或透過百貨公司找的（通常都是免費），個人購物顧問可以為妳的衣櫃做好市場調查，報告有哪些是符合妳的需要、風格與地位的新單品。他們可以教妳如何辨認品質、如何搭配所有流行元素、如何塑造強烈的個人主張，甚至哪種面貌最適合妳

衣服投資術

在妳剛開始工作的時候，設計師名牌套裝可能超出妳的預算。不過，此時此刻，這樣的揮霍卻是值得的：一套做工精細、設計講究的套裝是一種長期的投資，可以讓妳收穫良多。經典的剪裁表示妳可以穿很多年，而特別優的品質與細節的細心處理，讓妳每次穿上它，就馬上有自信。這套亞曼尼的套裝是1995年為《簡緻女人衣櫃》（*Chic Simple Women's Wardrobe*）拍攝的照片，現在仍然風格雋永。

的體型與膚色。最好的購物顧問能夠指引妳去尋找合適的髮型和化妝專家，可以依妳的方便，在隱密的試衣間、甚至在妳的辦公室或家裡，為妳搭配所有的組合，讓妳試穿。最重要的是，個人購物顧問可以在節省妳時間的狀況下，提供妳需要的資訊和物品。

個人風格幫手

務必記住這些名字——他們是妳升級自己衣櫃時，最寶貴的資源：

乾洗店：並非所有乾洗店的技術都很好。好的乾洗店可以在一天內讓妳的衣服改頭換面，專業的乾洗店會將細緻布料上的汙漬移掉，馬上溫和的把衣服弄乾淨，又不會留下難聞的「乾洗味道」。「口碑」則是最佳參考。真皮和麂皮則可能需要交給特殊的乾洗店處理——比較不方便，卻很值得。

裁縫師：有一個讓妳完全信任的裁縫是非常重要的。請找有下列特質的裁縫：能夠完成所有可能和不可能任務的專業能力；細緻的做工；動作徹底——一個在剪裁長褲長度時，記得前面和後面都量到；一個在改裙子時，會從地板往上量（這是做直縫邊的唯一方法）；一個會教妳服裝知識的人。經驗、經驗、經驗！口碑是最好的參考！

修鞋匠：如果妳希望所有皮件都光鮮亮麗，那麼，修鞋匠就是妳衣櫃裡絕對不能少的一員。想想看他最近幫妳做了什麼？修理鞋跟破損和前面的磨損，讓妳的鞋面平滑、亮晶晶，並讓鞋底更堅固；幫皮帶打洞，還恢復妳真皮手提袋的光澤。修鞋匠甚至提供預防的措施，例如：耐風雨處理、前面加厚，以及有保護作用的鞋底。在鞋子快要四分五裂之前，趕快去找鞋匠——而且要經常去找！

簡緻原則——練習、練習、再練習

就跟人生中大部分的事情一樣，穿著得體需要練習，而且這個練習是終其一生的工作。幸好，這個過程已經變得比較精錬——雖然總是遇到挑戰，不過樂趣卻越來越多。而且就跟生命中的其他努力一樣，穿著符合自己身分地位的服裝應該是一個終身的課題。

評估：妳現在已經知道這個流程步驟了。評估且試穿衣櫃裡的每件

單品。妳的目標和狀態都已經改變，妳的衣服呢？妳的品牌訊息清楚嗎？

除舊：要無情！任何無法清楚且聰明傳達妳目前工作狀態的衣服，送人！這可能表示必須跟一些超好的套裝說再見。請放心：對某個剛開始上班、可是手頭較緊的人而言，它們可是從天上掉下來的禮物。不妨考慮捐給慈善機構，可以抵稅，或拿到二手店，看看能否回收一些投資。

佈新：現在還少什麼？培養妳對超好質感的知識與眼力，請跟一個個人購物顧問一起做。妳現在可以比以前買更多的衣服。這些東西務必都可以為妳發聲，表達個人主張，不過這些主張絕對不能比妳本人還大聲。買得起設計師名牌服飾，並不表示它們就適合妳，必須確認它們是否跟妳的專業訊息相配？而且買得起非常好的套裝，並不表示從此不需要最佳裁縫的服務。

> 「每個人都想改變世界，可是卻沒有人想到要改變自己。」
>
> ——托爾斯泰（Leo Tolstov）

衣服已經不說話，而是在命令

一個穿著邋遢的執行長已經吃不開了。位居權威地位的女人必須在服裝和飾品中投射出同樣份量的獨特性。權勢衣櫃的基石仍然是套裝，在這個階段，套裝的強打威力，尤其不能輕忽。

精挑細買

權勢服裝可以讓妳的主張大聲又清楚。因此在購買時，有點類似心靈的搜尋。妳會安身立命在某個品牌嗎？妳會上天下地的尋找可以代表妳獨特個性的服飾嗎？妳會堅持已經找到的線條輪廓、顏色和款式，然後只是簡單的升級它們的品質嗎？這一章就是在教妳採購權勢服裝時的各項須知，不論是一個A級的手提袋、一支讓人驚艷的手錶，還是一套在妳開口說話之前，就讓別人知道妳是「執行長」的套裝，都可以在這裡找到採購秘訣。

如何購買權勢套裝

精挑細買：身分套裝

這個套裝馬上就讓人感受到權威——高品質的布料、有力的輪廓線條、無可挑剔的剪裁，還有完美的合身度——這往往是合理花費一定金額的結果。

重要的原因：那些位居權威地位者的服裝和飾品，必須跟她們的地位一樣具有與眾不同的感覺。為了提高妳的地位，妳的套裝必須傳達有擔當的形象。對下面的人而言，這就代表一種命令。精挑細選的權勢套裝可以讓妳展現前後一致的個人風格，同時也表示妳早上永遠不需要再為穿什麼衣服傷腦筋了。

品質至上：由設計優美、相互搭配的單品組合而成的權勢套裝自然有其主張。有主張，就會被記住。因此，一、兩套不夠用。在這個階段，妳需要、而且買得起更多套。

有個人風格：每套套裝的輪廓線條都有其主張。不妨多試試各種風格，直到妳找到最適合自己體型、且能反映出妳想要傳達的形象風格為止。

精挑細買：包與鞋

皮包

現在的目標是縮小妳的手提袋，以反映地位的提高。選擇小巧、線條簡捷的皮包——不論是手抓包、檔案夾包（folio bag）或肩背式公事包（attaché），都必須呈現有條理、認真、沒被塞爆的樣子。當妳成為這個層級的成功人士時：

- 把妳的托特包換成較薄的真皮檔案包。
- 把妳中等大小的手提袋換成一個小又有型的皮包（傳達有條理、權威、效率的訊息）。
- 跟以前一樣，品質至上。
- 選擇表面比較光滑的皮革、比較豪華的鱷魚皮或蛇皮做成的包。紋路完整（grain leather：未經任何處理、保持原本毛細孔與紋路的完整皮革，是最堅固耐用的皮革）的頂級真皮包比裂皮（split leather：從整塊皮中所取出的內裡部位，通常比較脆弱不耐用）材質的耐用。
- 內裡要厚，才能使用長久，而真皮是最好的內裡材質。
- 背帶要短、兩面都要處理，而且要有縫邊或收邊。

鞋子

讓妳的鞋櫃除了必要的平底便鞋和包鞋之外，還有其他款式的鞋子，是一種地位和成功的象徵，而且可以為妳的權勢衣櫃增添華麗與實用的色彩與個性。

Power Wardrobe 權勢衣櫃

現在該是使用特優品質與風格無可挑剔的衣服和飾品來調整妳衣櫃的時候了。目標是：滿滿一櫃傳遞成功的權勢服裝。這一章將給妳有用的知識，讓妳可以辨認、選擇適合自己的權勢套裝，建立權勢調色盤，收集可傳遞個人與專業風格的飾品；至於服裝，則可讓妳依據場合需要，在休閒穿著中顯現權威。

「定義環境的權力，
才是最終的權力。」

——傑瑞・魯賓

《37歲轉大人》（*Growing Up at Thirty-Seven*）

我掌權，看起來像嗎？

Double-Breasted

雙排釦是最正式的套裝，它有尖銳的線條、尖尖的翻領，加上釦子全部扣起來時的自律感，更讓人產生權威的印象。布料是關鍵；在這個階段，套裝的剪裁必須跟布料一樣好。請找輕薄、幾乎像絲一樣、有優雅的垂墜度，且不容易皺的羊毛材質。

能幹、優美。一條及膝窄裙，稍微有腰身、形狀良好的肩膀、還有無可挑剔的合身度（多虧了裁縫！）。如果想要提高自己的說服力，請搭配一件俐落的白襯衫，領子務必平整的放在套裝翻領上。除了最上面或最下面的釦子可以不扣之外，其餘都要扣起來。

雙排釦＝職場戰士

Coatdress

我是女人，我穿大衣式洋裝，表示我
不打馬虎眼。而且，如果布料跟男裝
的細條紋、寬條紋、方格紋、迷妳千
鳥格等圖案相同，必定就是代表認真
的工作態度，絕對可以穿到董監會上
跟人一較長短。

優雅都會的權威。男裝的圖案加上缺角
型翻領就代表雖然跟男生一起混，不過
還是可以做女人。如果想要有更輕鬆
的感覺，不妨考慮搭配黑色高領衫、
及膝靴子和秋冬穿的不透明緊身襪。
如果要用腰帶，可以考慮將原來搭
配的腰帶換成品質更好的腰帶。

大衣式洋裝 ＝
極度的女人味

Long Jacket

長外套

一件超越正常長度的外套（換句話說，超過臀部，長到大腿與膝蓋中間）表示妳想要按照自己的方式來做事。這種自我肯定的輪廓線條，外套必須非常合身才行（過於寬鬆的話，看起來會很邋遢），而且必須搭配原來成套的裙子、洋裝或長褲穿。

優雅的權威感。單排釦的外套、平整的口袋蓋，搭配類似顏色的裙子、大圓領喀什米爾毛衣、或者裡面什麼都不穿，只戴一副珍珠耳環。

長外套＝
有創意、戲劇性

Knit

針織套裝

針織套裝看起來有教養。可可·香奈兒（Coco Chanel）在第一次世界大戰時，推出了自己創造的這個舒服又有女人味的時髦衣服，解放了女人。雖然它的外套和裙子（絕對不是搭長褲）比傳統仿效男裝線條的套裝柔和，且較有女人味，不過千萬不可小看它的力量。針織套裝是美國前第一夫人南西·雷根（Nancy Reagan）和芭芭拉·布希（Barbara Bush）的最愛。

很快就可以建立形象，不過感覺很古雅（就是有點老派）。外套腰身一路抓到臀部，配上立領和隱藏在門襟（就是外套拉鍊上面的那塊布）下的拉鍊。搭配黑色漆皮包鞋（高度優雅的感覺），或是中性色的後跟繫帶鞋（比較樸素的感覺）。針織套裝因為質地和細節的關係，只有上下合穿時，才能展現力量。喜歡以顏色、尤其是粉彩色，做為個人風格標誌的女人，通常喜歡穿針織套裝。

針織套裝＝
精緻、有自信

Color is

紅色＝自信、有領導力、獨立。適合用在做簡報，可讓妳有安全感，並吸引注意力。

顏色是迅速溝通權威與風格的實用工具。權力紅有附加的好處：它強制別人注意妳，傳達一切盡在掌控中的訊息；若妳選擇適當，還能傳送關於妳職場身分前後一致的訊息。

POWERFUL.

擁有一個顏色。選擇一個妳喜歡的顏色，然後把它變成妳的專屬，不斷的穿它，再選擇其他一或兩個可以搭配妳個人制服的顏色。單一顏色的面貌──顏色相互搭配的套裝和裙子──不僅效果大，而且有拉長作用。

Pattern

源自男裝的圖案會帶一點男子氣概,同時可增加妳衣櫃的質地變化和多樣性。圖案如果大膽,就必須搭配簡單合身的輪廓線條,加上女性化的細節。

千鳥格=
不需道歉的大膽

以前是男人的世界
……現在則是
商業的世界。

細條紋＝
權力玩家；
強勢卻性感；
在權力的頂端。

Jewelry

珠寶

金色手鍊

低調卻有力，且典雅。寬鬆得宜，就不會叮噹作響；同時配戴的其他珠寶，必須屬於可搭配的金屬材質。

人造珍珠鑲金耳環

大膽且教養良好。大小要適當，千萬不可過大或過小；同時配戴的其他珠寶材質，必須是可搭配的金屬，而且比例要適當。

單件有主張，

兩件變成報告，

三件，委員會。

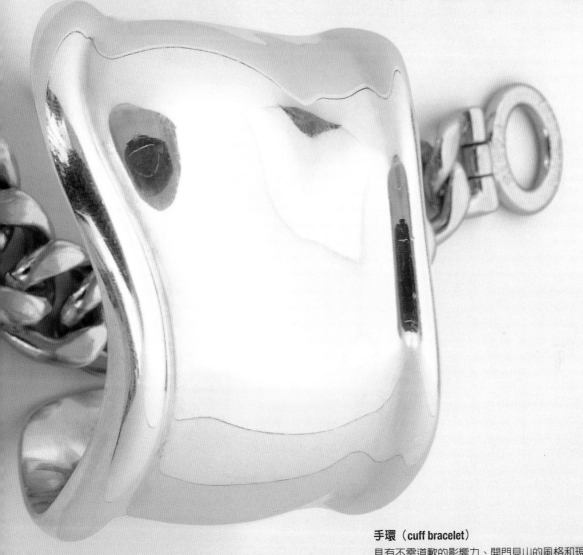

手環（cuff bracelet）
具有不需道歉的影響力、開門見山的風格和現代
感。請搭配不會在視覺上互相競爭的簡單服裝，
大小必須完美的符合手腕。如果要大聲喧嚷創意
和個人的獨特性，就請在兩邊手腕各戴一個。

Time Piece

手錶

在妳事業的這個階段，妳需要的不是「一支手錶」，而是「那支手錶」。手錶在職場上向來被視為代表成功的主要指標，是地位與效率的象徵。如果妳沒有特別喜歡某個款式，就請選擇雋永經典的款式，例如：勞力士紅蟳錶（Oyster）或卡地亞坦克錶（Tank），這兩種款式向來是最容易辨認、仿冒品也最多的手錶。不論妳選擇哪種錶，都不要省著不用，這個昭告世人的形象細節就是女人和女孩的分野。

卡地亞坦克錶

法國設計、殊榮的象徵。坦克錶是路易・卡地亞（Louis Cartier）在19世紀初因為酷炫的巴西飛行員亞伯特・桑德士・杜馬特（Alberto Santos Dumont）提到開雙翼飛機時，如果要一邊控制飛機，一邊把錶從背心裡拿出來看時間，很不方便，而特別設計的手錶。從此這支手錶成為權力的象徵，大受歡迎，且擁有無以倫比的地位。

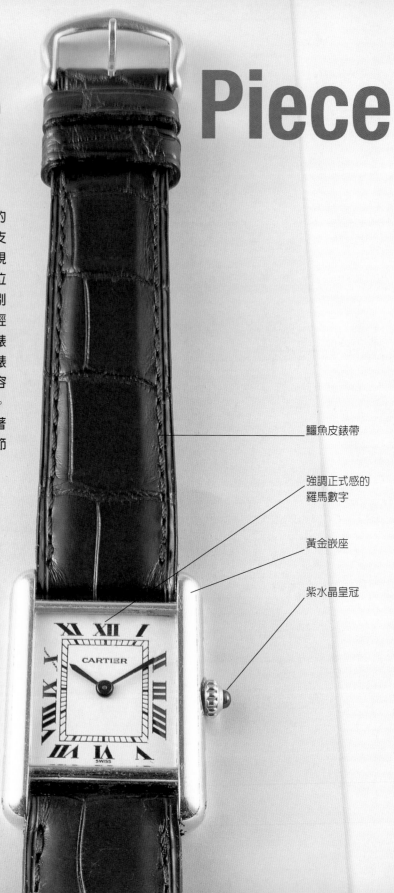

鱷魚皮錶帶

強調正式感的羅馬數字

黃金嵌座

紫水晶皇冠

Old & New

妳可能是「穿套裝的人」，不過如何讓套裝有新意，則在妳的掌握之中。這裡就是展現個人風格並讓妳與眾不同的場所。可以考慮在翻領上夾一個別針，不論是裡面裝滿珍貴家傳照片的照片盒墜子或一個具有現代感的獨特設計，只要足以創造屬於妳自己風格的配件皆可。

藝術珠寶

這個由設計師卡祖柯（Kazuko）手工製作、金絲包裹半寶石和寶石的別針，據說有療癒的效果，是平安與喜樂的泉源。這個獨特的飾品可以當做心靈傳輸器（不要敲它；在美國私人企業，任何東西都有用），或個人風格的表達。

傳家寶

不論是否為家族數代的傳承，傳家寶在在暗示源自基因裡的成功與風格。

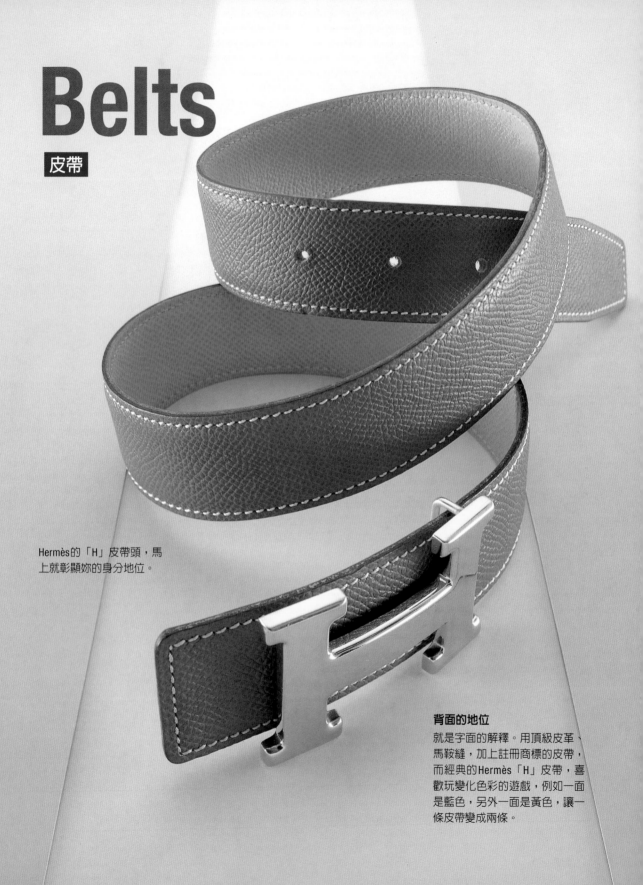

Belts

皮帶

Hermès的「H」皮帶頭，馬上就彰顯妳的身分地位。

背面的地位

就是字面的解釋。用頂級皮革、馬鞍縫，加上註冊商標的皮帶，而經典的Hermès「H」皮帶，喜歡玩變化色彩的遊戲，例如一面是藍色，另外一面是黃色，讓一條皮帶變成兩條。

如果妳喜歡繫皮帶，這個時候應該已經收集了許多經典款皮帶。現在，請強化妳的收集：選擇有特殊腰帶頭或設計師註冊商標的皮帶。象徵地位的皮帶——柔軟的麂皮或動物皮革——可為妳的休閒穿著帶來權威感。還有，如果妳是個珠寶迷，不妨試試金屬腰鍊。

金色腰鍊

金色腰鍊是巴黎知名服裝設計師可可‧香奈兒的作品，和多串珍珠項鍊、菱格紋皮包（quilted handbag）與雙色後跟繫帶鞋（two-tone sling back）並列香奈兒的經典作品。金色腰鍊是香奈兒設計哲學的縮影：化簡單為不凡。

Scarf

圍巾

一條絲質圍巾是權勢套裝，絲質女版襯衫或喀什米爾毛衣則是個人風格與成功的象徵，知名設計師品牌更可增添魅力。

權力的傳承

Hermès絲質圍巾是風格、正直與實力的
雋永象徵，1937年由法國頂級鞍具業者
Hermès所推出的。從此，這條36英吋、
上有騎馬和自然田園主題、手工捲邊和
奢侈的質地永遠是商業機密的圍巾，已
經成為經常被仿冒、卻永遠無法被超越
的優雅象徵。

Folio, Pen, and

給想要力爭上游者的箴言：說話溫和且隨身攜帶一個小包包。
包包越小，人就越重要。一個小錢包暗示妳非常有組織能力、
做事輕鬆不費力，還有掌控一切的感覺。解讀：權力。

筆
妳的寫作道具應該能反映
妳文字的重要性，千萬要
慎選妳的筆。

檔案夾包
從董監事會到講台，用精美的皮
革製作且極度精簡、只放少數的
必需品——演講稿、筆記本、筆
的檔案夾包，代表：「工作中且
掌權中」。

Clutch

檔案夾、筆與手拿包

手拿包

包包越小就越成功。優雅又精緻的手拿包雖然小巧,比例又很女性化,卻滿溢著權力。在這個階段,妳應該有一個專家組成的支持系統,讓妳能不受阻礙,輕輕鬆鬆地更上一層樓。

雙色後跟繫帶鞋
俏皮的女人味

腳踝繫帶細高跟鞋
女人味、時尚

漆皮軟鞋
（moccasin：款式源
自北美印地安人穿的
鹿皮軟鞋，跟平底便
鞋的loafer不同）
隨和、具有威望

Shoe 鞋櫃
Wardrobe

鞋子為權勢服裝帶來華麗與排場的個人特色，同時也
是洩漏意圖的工具。妳勇於冒險嗎？還是優雅講究？
妳是打算出門打仗？還是回家休養？設計精美的鞋子
能讓它的主人站得挺，並散發出自信與權威感。

棕色麂皮包鞋
都會的知性氣質

鱷魚皮後跟繫帶鞋
細緻卻大膽

絲綢晚宴包鞋
馬上變優雅

Public Speaking

公開演講

成功會讓妳成為明星，或至少比較需要站在群眾面前說話。不論妳是在行銷會議中演講、對客戶簡報或接受電視專訪，每個細節都攸關妳的形象，所以必須特別留意，才能傳送清楚、準確的訊息。想一想妳要說話的對象，還有妳必須展現到多麼正式。妳希望觀眾怎麼看妳？一個有權力的領導者？一個親切的、跟他們沒有分別的人？

顏色：在電視上，避免穿黑色、白兩色、部分的紅色（它們會擴散）和條紋（它們在鏡頭前會像蚯蚓般扭來扭去）。一般而言，請選擇吸引人且可親的素色，不過不可以過於俗艷。像是藍色，就很有魅力。

形狀：一般而言，輪廓線條應該簡單且典雅。衣服不應干擾別人對妳話語的注意力。如果要上電視，請選擇硬挺合身、讓妳身體有型的外套。

飾品：減到最少。用圍巾、簡單的珠寶點綴一下是得體的，不過請避免配戴任何過度吸引目光、閃爍發光或叮噹作響的飾品。

頭髮：應該梳整齊或者往後挽起，以免髮絲亂晃。

為特寫而準備：出現在觀眾面前之前，做最後一分鐘的儀容檢查。服裝務必整齊且井然有序；檢查衣服、臉部和牙齒是否有食物殘渣；噴一下口齒清新劑；做個深呼吸。

**休閒又權威
的打扮**

正式卻
友善的打扮

顏色會吸引別
人的目光。粉
彩色看起來溫
暖友善。

在露出來的胸
部、頸部和臉
部上粉，以免
泛出油光。

The Power of Separates

整合學問大

資優的黑色
用黑色當背景可以輕易讓個別單品在增加更多色彩元素之際，還能保有整體感。

優質的針織衫
富權力的高領衫是喀什米爾材質，不是羊毛。

有力的剪裁
質地良好的羊毛外套加上女性化的細節。

突出的手提袋
優雅的萬用袋。

典雅的長褲
設計精美的長褲。

權力服飾細節：包布釦

襪類
選擇黑色不透明的及膝中統襪，才不會打破長褲和鞋子之間的連貫感。

對許多女人而言，休閒打扮（就是脫掉套裝）表示很難維持權威的外表。解決辦法：不要放鬆妳的標準配備。穿幾件權勢單品——外套、設計師皮帶、迷死人的鞋子，再搭配品質頂級的輕鬆單品（蘇格蘭方格裙或喀什米爾高領衫）。

黑色的簡化藝術

權勢外套
裝飾優雅金色鈕釦的針織外套。

突出的手提袋
頂級品質的托特包（讓人轉頭凝視的紅色）。

獨特的裙子
蘇格蘭方格裙。

權勢服飾細節：圖案

襪類
應該搭配黑色不透明或半透明的襪子，以免裙子和靴子之間的線條被切斷。

The Power of Detail

細節的學問

象徵地位的襯衫
獨特的細節讓這件簡單的白襯
衫與裙子的組合產生權威感。

優質的布料
把布料升級到高品質的棉布。

表示認真工作的飾品
袖釦。

時髦的鞋子
超女性化的鞋跟。

權勢皮包
選擇一個可象徵地位的簡練皮
件。

權勢服飾細節：法式袖釦

襪類
黑色不透明襪子看起來輕鬆；黑色半透明
襪子比較正式；黑色透明襪子最正式；膚
色看起來最清新，幾乎好像裸腿一樣。

不論是名牌的設計師圍巾、喀什米爾毛衣，或是有個性的女性化鞋子。在這個階段，整體裝扮需要精緻的點綴，才能完成。

豪華的細節

優雅的飾品與質地，賦予
毛衣打扮一些獨特味道。

增添一點女人味

讓人驚艷的絲質圍巾。

時髦的鞋子

細緻鞋跟的設計師名牌
包鞋。

權勢皮帶

經典的鱷魚皮。

布料

有時尚大翻領的喀什米爾
羊毛衫。

條理分明

優質真皮和尼龍做成的托
特包，務實又有型。

權勢服飾細節：鱷魚皮皮帶

襪類

長褲如果搭配鞋跟精緻的包鞋，就需要穿透
明或半透明的及膝絲襪。但因為包鞋非常女
性化，妳也可以搭配膚色襪子。否則，選擇
跟鞋子搭配的襪子。如果妳是穿皮底便鞋，
那就可以搭配稍微厚一點的襪子。

Wearing Leather 皮衣

認識皮衣

時髦的麂皮

一件用皮革做成的單品，例如：皮裙或麂皮外套，馬上就可以讓精挑細選的衣服變得知性有氣質。

質料好的針織衫

喀什米爾高領衫。

權勢外套

合身剪裁的麂皮外套。

經典的長褲

男裝款式的長褲。

時髦的鞋子

超高鞋跟（增加一點正式感）。

權勢服飾細節：麂皮

襪類

應該搭配絲質、不透明的及膝襪或搭配鞋子與長褲的半透明襪，一定要保持修長的線條與整齊俐落感。

把皮衣穿得優雅的秘訣在於：
把皮衣搭配低調、高品質且典雅的單品。

辦公室的
皮衣穿搭術

品質好的針織衫
奢華的喀什米爾材質的兩
件式運動風毛衣。

獨特的裙子
窄直皮裙。

時髦的鞋子
時髦的細跟高跟鞋。

權勢服飾細節：皮革

襪類
應該搭配不透明或半透明的襪子，
才能讓這個休閒的打扮有整體感。

CLOSET

權勢衣櫃
power wardrobe

衣櫃

在妳事業（與生命）的這個階段，妳知道自己是誰，也知道妳的衣服能代表妳的身分。妳的套裝有著地位的威嚴，妳的鞋子有自己的風格，妳的手提袋讓妳看起來有條理又值得尊重，不過妳的衣櫃是否也有同樣程度的細緻和一目了然呢？現在也許是該找個衣櫃專家，幫妳創造一個最有效率的豪華衣櫃，以滿足妳所有裝扮和美學的需要。但是在妳打電話之前，請先依照簡緻流程，讓在寸土寸金的都市中寶貴的衣櫃空間，充滿值得保留的衣服：

評估：妳擁有的服裝中哪一個品質不佳、不得體，或不適合目前的成功地位？試穿一下剩下來的衣服，是否真的合身，而且舒服？

除舊：送走無法協助目前的妳建立身分、不符妳專業形象目標的衣服。如果這些衣服品質很好，不妨把它們送到二手店寄賣或捐出去，還可以抵稅。

佈新：少了什麼？一個擺放妳新買的外套翻領別針的珠寶盒？一個毛球去除器，好讓喀什米爾毛衣保持最佳狀態？整理妳越來越多的鞋子的方法？（秘訣：可以把鞋盒堆疊在衣櫃層板上，外面貼一張用拍立得拍的照片。）

服裝大閱兵

把所有晚上穿的衣服和配件放在一起，如此妳將比較容易評估自己現有的衣服，並找出需要的衣服。

湛藍的藍天

親愛的金與傑夫：
我想知道旅行時該穿什麼衣服，尤其是必須花20幾個小時坐在飛機上、從美國東岸飛到亞洲時。

——深受時差之苦的人

親愛的深受時差之苦的人：
妳想要有一個不論在任何地方都能整齊俐落又有整體感的外表，是不是？旅行時請依據路上所有可能遭遇的氣候狀況，穿著可以讓妳在座位上自由移動又保暖或涼爽的衣服。多層次的搭配，例如：兩件式針織毛衣，或帶一件大到可以當毯子的披肩。不要穿布料容易皺的衣服，盡量選擇有一點彈性的，穿起來會比較舒服。穿長褲以及睡覺時，腳可以輕易穿脫的鞋子（加上一些舒服的襪子）。還有一個有拉鍊的托特包，好放妳的書和水。這些旅行配備不但是必要的，如果夠吸引人，還能讓妳整體有型。

——金與傑夫

Goes with the Job 4

旅行與娛樂衣櫃

職場生活的真相就是錢包裡擠成一團的收據。為工作旅行與招待客戶完全是兩回事,不過兩者卻需要用到同樣的技能:選擇適合的地點/場合、得體又不複雜的衣服。這一章會提醒妳可能遇到的困擾,以及下班後穿著得體的聰明方案。

旅行⋯
——盛裝以赴天涯海角

為旅行而穿

「妳不能把偶然留給機會。」

——辛普森（N.F.Simpson）

　　為出差打包往往讓人恐懼：未知的環境、不熟悉的公司，甚至出乎預料的氣候型態。這些都是不必要的擔心，不論妳是在加勒比海的阿魯巴島（Aruba）開行銷會議，或在芝加哥參加客戶的會議，目標都是必須攜帶可以代表妳身分、地位和所屬公司的衣服。只要依照下列幾個基本衣櫃原則，再加上一點點的自律，必定會從全新的角度，重新看待出差打包這回事，而且妳還能學會如何隨時迅速整理差旅行囊，讓妳馬上就能出發的技巧，也就是服裝編輯的功力。

該帶什麼

　　目標就是為行事曆上的所有場合——還有隨時可能冒出來的意外狀況——準備讓妳跟自己公司展現奕奕神采與專業感的服裝。

　　首先，全盤檢視一下妳的行程。了解一下要去的地方、多久，還有旅行的目的。

　　考慮妳的穿著規範：妳要打交道的公司屬於哪種穿著類型——非常幹練的企業正式型，還是輕鬆的工作得體型？出差的目的是什麼——在度假勝地舉辦的銷售會議（輕鬆但幹練）或顧問性質的工作（傳統的工

隨時可以出發

務必永遠都把化妝品包和衛浴用品包放在「旅行專屬櫥櫃」上。

作穿著規範）？妳在這次出差中，需要參與什麼活動（從跟客戶共進晚餐到上健身房都包括在內）？氣象報告怎麼說（檢查氣象局的網站）？

最後，事先打電話到妳即將前往的地方，確認：飯店是否有健身房？吹風機？有沒有提供洗衣服和乾洗的服務？

怎麼做？把幾件可以用各種不同方式穿著的重要單品打包起來。例如：1套套裝＋1套兩件式毛衣＋1件黑色洋裝＋1條黑色長褲＝11種可以放進行李箱的裝扮。

除非妳到天氣非常極端的地方旅行，否則四季皆宜且不容易皺的布料最好：熱帶羊毛、輕薄且有彈性的羊毛、科技彈性布、棉質上衣、絲質、超輕薄喀什米爾羊毛、輕薄的美麗諾羊毛針織衫、彈性緊身衣、羊毛皺綢（非常正式）。由微纖維（mircofiber）做成的大衣不但輕薄，而且幾乎可以對抗所有氣候狀況。

打包時，把所有東西攤在床上，讓妳可以清楚看到要帶的東西和缺少的東西。如果要讓衣服具有最大的搭配性，請選擇中性色的套裝，而且要能夠搭配所帶的每件單品。穿在上半身的比穿在下半身的，更能讓人印象深刻，所以請帶著飾品（一條漂亮的圍巾）和各種可以改變裙子或長褲單調面貌的各色衣服（一件顏色鮮艷的女版襯衫），請堅守簡單的形狀和最少的花樣。打包之前，請試穿所有搭配組合。內衣也務必能夠搭配所攜帶的服裝。（需要無肩帶的胸罩嗎？高跟鞋高度是否夠高，撐得起妳的長褲？）

美國各地入境隨俗的穿著指導原則

一般指導原則：地理區域不再像以前那樣嚴重左右穿著風格。由於世界人口所受到的影響越來越相同，不可避免的，品味也會變得越來越全球化，不再受地域的局限。所以因公出差時，基本的專業打扮跟世界任何一國的要求一樣得體。不過，仍然必須了解各地域的細微差異——並且避免看起來像個觀光客——能夠了解美國每個地區和世界各地的穿著偏好，的確有幫助。妳應該能夠從現有的衣櫃中挑選適合任何地方的衣服，加以搭配。

不論到哪裡，永遠都要精穿細著

美國中西部（芝加哥和底特律）

像芝加哥和底特律這種都市，比美國其他中西部的城市還要都會，女人在工作上特別喜歡套裝打扮。在明尼亞波利（Minneapolis）與其他區域城市中，職業婦女上班時喜歡穿卡其褲和兩件式毛衣這種比較休閒、輕鬆的打扮。

夜晚： 美國中西部城市晚上有許多娛樂活動都跟公司有關。這些城市經常舉辦正式（black-tie：男士必須打黑色領結出席的場合，其正式性僅次於白領結／white-tie的正式場合）的募款活動，尤其在週末。女人會穿用絲絨與絲緞等細緻布料做成的半正式雞尾酒洋裝（cocktail dress：適合在雞尾酒會或半正式的場合中穿著的洋裝）。配件則非常講究且獨特，絲絨圍巾、喀什米爾披肩和串珠晚宴包都很常見。美國中西部正式服裝偏好的顏色是黑色、深棕色、深藍色與深紫色。

美國東北部（波士頓）

波士頓是一個知性的城市，允許個人主義的發展，也是潮流的發源地。然而，郊區和都會的女性對時尚抱持的態度卻不同。郊區女性稍微保守一點，穿比較鮮豔的顏色和比較長的裙子。住在城市的女性則喜歡比較流行、顏色比較低調、裙子較短的時尚服裝。

夜晚： 都會與郊區的女性喜歡穿黑色小洋裝，不過會用外套來塑造個人風格。因為鵝卵石的街道和有時酷寒的天氣，這裡的女人通常都穿低跟鞋。

美國東北部（紐約）

紐約市向來是美國的時尚之都，這裡的職業婦女非常有時尚概念，而且儀容修飾得無可挑剔，卻不因襲成規。顏色則是都會的標準色：黑色、炭灰色、可可色、淺褐色、白色和各種醒目的色彩。定期修剪手指甲和腳指甲，以及修整過的眉毛是必要的條件。剪裁合身的套裝是大部分產業的標準制服，然而這個城市的音樂、出版、電影與時尚等許多創意行業，卻允許員工在職場展現個人風格。

夜晚：大部分正式的宴會中，長洋裝搭配有質感的飾品，就夠了；老派望族設定正式的慈善活動該穿簡單優雅的洋裝；至於在社會名流與名人雅士的開幕和各種活動中，女性通常穿著非常誇張，也不一定得遵守傳統的正式禮儀，最新、最時髦的設計經常可見。許多的紐約女人都有一件黑色小洋裝，只要增加或減少配件，就可以參加各式各樣的場合。許多人很注意品牌。她們經常拆開套裝上下衣，混合搭配，因此塑造了鮮明的個人風格，成為紐約穿著的代表。住在郊區的紐約客穿著比較輕鬆，且顏色多彩。

美國東北部（華盛頓特區）

在華盛頓特區，套裝是重點，而且是一個傳統上能讓女性透過顏色、讓自己發光的管道。不過，有越來越多的職業婦女開始向基本的黑色靠攏。類似香奈兒的菱格紋皮包非常普遍，即使在黃昏後，仍然穿著正式的套裝，只在上面加個圍巾或別針，就能變成盛裝的打扮。很多女人透過型錄買衣服。特區的女性不喜歡穿太流行的東西，而且通常會對過度性感的打扮皺眉頭，她們寧願用自己的政治主張、權力和影響力來定義自己。

夜晚：在華盛頓的娛樂活動通常在家裡進行。政治是談論的重點——要看報紙和雜誌，多聽電視和收音機的新聞報導，才能跟上此地的潮流。把民主黨員和共和黨員混合起來，情形也許會變得活潑一點。人們的政治立場可能會改變，不過，就如同華盛頓記者和女主人的莎莉・昆恩（Sally Quinn）說的：「妳絕對不要在華盛頓把某人排除在外，因為他們總是會再回來。」

太平洋沿岸西北部（西雅圖）

這裡的女人比較注重舒適，較不在意是否走在流行尖端。珍貴的高跟鞋和麂皮鞋在一個經常下雨的城市中，保養不易。許多女人都穿球鞋上街，把正式的鞋子留在家裡。職業婦女喜歡穿工作休閒型的長褲、女版襯衫和毛衣，套裝只偶爾出現在重要的會議中。軟皮肩背包在這裡處處可見，形狀方正的包包會被認為太正式。飾品則是西雅圖的女人追逐的時尚品項：這一季的短項鍊或名牌皮帶頭可能就是這裡的女性形象升級的媒介。

夜晚：在正式場合中，女人喜歡穿典雅的黑色或具光澤色調的洋裝（裙長及膝，並非雞尾酒洋裝）。

洛磯山脈（丹佛）

洛磯山脈的職場服裝屬於工作休閒型：長褲或卡其褲搭配女版襯衫、毛衣或俐落的白襯衫。八○年代中，許多德州人搬到這個區域，因此帶來不少他們特有的穿著風格，也就是說，顏色與皮帶等配件和耳環等。

夜晚：丹佛比美國其他城市更喜歡舉辦慈善活動，因此有許多穿著正式服裝和洋裝的場合。女性在晚上所穿的衣服都很低調優雅，黑色雞尾酒洋裝觸目皆是，不過女人也會在非常正式的活動上穿著長度及踝的禮服。丹佛的許多活動都需要有「西部創意式的優雅」。女性基本上穿由輕薄細皺綢布做成的及踝長裙（broomstick skirt：因為布料的細皺摺類似掃把，因此得名），以及可以相互搭配、上面有鎳或銀做成貝殼釦的西部外套。

美國東南部（亞特蘭大）

總而言之，亞特蘭大是一個休閒的城市，不過這個城市蓬勃的商業活動卻吸引世界各地的人前來，這裡的專業穿著規範已經迅速演變成大都會風格。

女性穿保守的套裝或工作得體型裙子或長褲與女版襯衫，再配上中等高度的有跟鞋。黑色不是這個活力充沛城市的最愛，反而是藍綠色、金色、紅色與粉彩色最受這裡的女性青睞。這裡的人尊重傳統的禁忌，在陣亡將士紀念日（Memorial Day：美國為了紀念所有在戰爭中為國捐軀的軍人，而在五月底最後一個週末前後設定、以享有連續三天假期的一個節日。美國人通常把這一天當做夏天的開始）與勞動節（Labor Day：象徵勞工可以休息的一日，設定為九月的第一個週日。美國人將勞動節視為夏天的結束）之間，是唯一可以穿黑色漆皮或白色鞋子的日子。不論夏天過去之後的天氣多麼炎熱，此地女性的穿著還是嚴格遵守季節的更替。

美國南方一些嚴格的時尚規則，在亞特蘭大似乎已經漸漸消失。上流社會的女人在逛街與外出午餐時，穿卡其褲、很棒的「白襯衫」和昂貴的平底便鞋、皮帶與皮包。

夜晚：這裡的女性務實且不拘謹，永遠都維持淑女風格，這也是最重要的女性穿著指導原則。剪裁講究的女性化優雅服裝比極端前衛的流行服裝更為人欣賞；女人喜歡可以同時穿去上班和音樂會的服裝。

美國西南部（休士頓）

德州女人即使不是全美國最會穿衣服的女人，也是很懂得穿衣服的女人。職業婦女穿顏色鮮艷的套裝或長褲套裝，裡面搭配女性化的女版襯衫。休士頓或達拉斯的女人一天內經常會換三套衣服（運動穿的、上班穿的、晚上穿的）。炎熱、潮濕與苦寒，加上冷冽的冷氣，都是造成這個現象的原因。大部分美國南部和西南部的職業婦女經常都在「穿或不穿」絲襪之間掙扎，可是這裡的女人，即使炎熱又不舒服，還是繼續在上班、婚禮、上教堂、午餐約會與大部分的晚上活動中穿絲襪，而且通常是穿褲襪。這裡的女人只有在穿著非常休閒的服裝搭配平底鞋時，或非常「有時尚意識」的人，才不穿絲襪。

夜晚：這裡的職業婦女跟其他城市不同，幾乎總是在為晚上的活動換衣服，可能是雞尾酒套裝、洋裝或正式的服裝。如果某個女人有很好的珠寶——會被稱為「寶石」，而非珠寶的石頭——就會想要用衣服來展示它。

熱帶地區（邁阿密）

這裡的職場服裝受到在這裡做生意的美國南部和中部的生意人的影響，服裝比其他城市的女人更有女人味，裙子較短、鞋跟較高。職場服裝有一種輕快、熱帶的感覺，套裝顏色也是比較淺的中性色，而且洋裝到處可見，比任何地方都普遍。

熱帶地區（棕櫚海灘）

雖然邁阿密和棕櫚海灘在地理上很接近，不過穿著卻南轅北轍。棕櫚灘有一種老派望族的感覺，不過兩個地方的職場服裝卻很類似。

西海岸（洛杉磯）

洛杉磯的職場穿著分成三大類別，完全都源自或借用好萊塢的風格：1.企業主管型：指的是在辦公室上班、並做有關金錢決定的人。這些人不論男女，都穿深色套裝。洛杉磯的人不像紐約那麼在意名牌。2.創意工作者：指的是廣告人員、公關從業人員與電影製作人等，都屬於這個類別。她們的穿著屬於企業創意型，意思就是流行卻有專業簡練風格的衣服：剪裁合身的長褲搭配俐落的白襯衫、T恤和麂皮外套；裙子或洋裝配靴子。3.藝人：不論演員或導演，都屬於這個類別。她們的穿著非常休閒，不過仍

然會跟隨每季的新潮流。

夜晚：除了紅地毯活動外，洛杉磯的夜晚活動幾乎很少屬於正式的場合。畫廊開幕、新書發表會、芭蕾舞、戲院，還有交響樂等場合，都不需要盛裝打扮。大部分的場合，可能穿長褲配一件上衣，甚至再加一件外套，就可以了。除非是晚上的開幕活動，才需要穿上長褲是絲質或亞麻材質的長褲套裝。在博物館的宴會或稍微正式的場合中，就會穿雞尾酒洋裝，或長褲是絲質或亞麻材質的長褲套裝。電影首映會時，電影明星會穿短洋裝或長褲套裝，不過都是設計師名牌；有時候，混合搭配二手舊衣。其他人則都是下班後趕過來的，穿著非常休閒，因為電影都在7：30開演。

西海岸（舊金山）

這裡的女人知性有氣質、正式且偏歐洲風格。天氣是主要的影響因素（很長的春天、寒冷的夏天；九月和十月是最溫暖的兩個月），因此服裝需要四季皆宜。輕薄的羊毛皺綢和四季皆宜的絲質服裝是這裡女人的最愛；幾乎不需要厚重的冬天大衣或炎熱天氣的薄衫。這裡的女人享受前衛的風格，白天到晚上的面貌經常可見，因為很多人會從工作場所直接去吃晚餐。兩件式毛衣也不錯，因為晚上氣溫會下降。舊金山人的穿著看起來有整體感，寧願盛裝也不願穿得太休閒。

國際穿著指導原則

科技讓廣闊的世界變得越來越小，西方的職場穿著也變成地球上各處都適宜的得體穿著。然而，不論是在喜歡穿長褲且幾乎不化妝的中國，或在俄羅斯設法迴避過度雌雄同體的面貌時，如果妳能留意到各地區的穿著習俗與態度，必能幫助妳在任何場合展現適當的禮儀與尊重。

不論到世界各地，都要精穿細著

一般而言：

- 大部分國家，尤其是開發中國家，都比美國的穿著保守。裙子比較長，女版襯衫的胸口不會太低，衣服不會穿得很緊。找一本指南看一下，了解一下妳將前往的地方之特定習俗，才能讓妳跟負責招待妳的主人都覺得比較自在。
- 郊區的穿著風格通常比城市保守。
- 在拜訪宗教地點時，務必留意並遵守相關的特定穿著規則。常見的穿著規定包括蓋住妳的頭、手臂、腿與腳——或者上述的幾種。套上去就可以輕易穿脫的鞋子，在拜訪神殿與回教寺廟時很好用，因為妳進入裡面之後，可能需要穿拖鞋或襪子。圍巾可以馬上變身為帽子，是尊重當地習俗時一個方便的工具。
- 除非了解當地服裝的意義，否則不要穿上它，因為如此可能顯得妳高高在上，而且非常愚蠢。
- 至少帶一件遮蓋比較多的泳裝，除非妳確實了解在當地海灘容許露出多少肌膚。
- 帶一些晚上穿起來會很好看的衣服。不必很炫，不過在美國之外的大部分地方，人們會在吃晚餐時換衣服。在某些國家，妳可能是坐在地上或墊子上用餐，所以妳的穿著必須得體又舒服，讓妳可以盤腿坐在旁邊，也不會太暴露。

非洲

穿著整齊乾淨是尊重別人的表現。務必穿著燙得平整的衣服，尤其是在拜訪別人的住家或辦公室時，更應如此。這裡的穿著規範比英語系國家還正式，但比法語系國家不正式。在郊區，裙子長度應該過膝。不論何時，手臂與肩膀都應該蓋起來。幾乎沒有什麼需要穿著正式服裝的機會。工作上避免穿狩獵式服裝，可能被視為殖民主義作祟的冒犯行為。千萬不可穿迷彩裝或軍裝，在某些國家，這種穿著可能被視為外國傭兵；有一些國家則視為非法。

烏干達則跟非洲的其他國家不同，

西方人如果在特殊場合穿著他們的國服，必定大受歡迎。他們的國服是上面有腰帶的長棉袍，稱為busuti。其他時候，穿裙子是得體的，尤其是在鄉村。

亞洲

許多亞洲國家的天氣非常炎熱潮濕，所以妳需要攜帶天然纖維、而非人造纖維質料的衣服，最好是棉、亞麻和絲質。此外，在非常炎熱的國家，可能不必穿絲襪。

中國：特別適合穿長褲套裝，因為中國女人本來就經常在穿長褲。中國人習慣盡可能不化妝和戴珠寶，高跟鞋、昂貴的皮包和炫目的名牌服裝，往往被認為是奢侈浪費且不必要，不過香港除外。在香港，設計師名牌服裝和配件是地位的象徵，只不過款式和顏色都傾向保守。

日本：正式的職場打扮是既定的規範，對女人而言，就是保守的洋裝和搭配高跟鞋的時髦套裝。所有的中性色都適宜，但黑色除外，因為黑色被視為葬禮的顏色。紅色被視為太炫，是不得體的過於性感。日本人認為大衣不夠乾淨，所以在玄關就要脫下來，不可以穿著進入辦公室。在私人的住家或餐廳裡，妳可能必須坐在榻榻米上用餐。此時，妳必須在入口處脫掉鞋子。請穿質料好的絲襪和寬鬆的裙子，坐著的時候，膝蓋要彎曲且放在側邊。

交換名片的過程幾乎像是個儀式。正確的方法是兩手拿著妳的名片，把有印字的那一面朝著對方。在妳收受別人的名片時，請小心且尊敬地接收。在小心把名片收起來之前，花一點時間閱讀名片的內容。不要在名片上寫字，會被日本人認為是一種侮辱。此外，也不要做直接的眼神接觸。

如果在東京之外的地方旅行，穿著舒服的鞋子、寬鬆長褲、毛衣、女版襯衫和外套就能有整體又輕鬆的面貌。

韓國：職業婦女穿著樸素，穿裙套裝或洋裝——沒有長褲。經常有機會坐在地板上，所以應該避免過緊或過窄的裙子。

菲律賓：菲律賓人是亞洲地區穿著最精悍伶俐的地方，她們的職業婦女穿著正式的套裝（裙子和洋裝比長褲更常見）。

馬來西亞：黃色是皇家的顏色，所以不能在正式場合或拜訪皇宮時穿著。

巴基斯坦：歡迎外來者穿著在地服裝。在地服裝是一件叫做卡米茲（Kameez）的長襯衫，蓋過稱為沙瓦（salvar）的長褲。外套是絕佳的職場穿著，因為它們看起來專業又不會袒胸露臂。

泰國：職業婦女精明、對時尚敏感，但款式風格傾向樸素保守。這裡把黑色當做葬禮的顏色，除非同時搭配其他點綴的顏色，否則不適合在職場穿著。不要在別人面前展示妳的腳底或鞋底，會被當做是一種侮辱。

越南：保守的洋裝或搭配長褲穿的專業襯衫，是職場婦女的穿著規範。

歐洲

整個歐洲的職場穿著幾乎跟美國的穿著規範差不多。

英國：天氣比較冷，而且經常下雨，必須預做準備。雖然倫敦推出很多時髦的洋裝，但一般而言，洋裝被認為是比較保守。

法國：法國女人以安靜、樸素的優雅著稱。她們知道如何買更少，卻買更好的黃金法則。

義大利：關於時尚，義大利人非常

瀟灑雅緻，顏色與質地都非常豐富，他們認為所有黑色都太沉靜與憂傷。迷人的義大利女人夏天都不穿絲襪，而且經常配戴金飾。

以色列

這裡已經接受工作得體型的穿著，套裝經常可見。不過當天氣炎熱潮濕時，女人往往會不想穿絲襪。

墨西哥

大部分的商業活動都在墨西哥市（Mexico City）這個大城市中進行。這裡的女人穿套裝或洋裝，搭配高跟鞋、化妝品和珠寶。

俄羅斯

俄羅斯的職場穿著包羅萬象，從企業正式型到很炫的前衛打扮都有。職業婦女通常滿不在乎地穿著非常有女人味的衣服，因為這裡的人較無法接受男女不分的西式打扮，甚至是有點瞧不起。此外，不論男女，經常都是同一套衣服穿好幾天。因為這裡溫差變化極端，所以建議穿著要多層次。

南美洲

企業正式型的職場穿著經常可見。當地西部的穿著風格比東部保守。

西班牙

西班牙人很懂得穿，懂得修飾自己的儀容，會穿設計精美、剪裁講究的套裝。

澳洲與紐西蘭

澳洲的職業婦女白天多半穿著保守

的服裝。記住，當地的氣候剛好跟北半球相反，所以它的十二月是夏天，七月是冬天。布理斯班（Brisbane）的職業婦女穿著類似休士頓或達拉斯——休閒又簡單的輕薄服裝，尤其是洋裝，再搭配金飾和鮮艷的化妝品。夏天時，女人喜歡穿較淺的顏色和海軍藍色。雪梨（Sidney）的女人非常在意名牌，是所有澳洲人中最具時尚感的。

國際尺碼對照表

在世界各地旅行時，請記住別的國家的衣服和鞋子的尺碼，可能跟自己的國家不同。

洋裝、大衣、套裝、裙子、長褲												
美國	4	6	8	10	12	14	16	18				
不列顛群島	8	10	12	14	16	18	20	20				
歐洲	32	34	36	38	40	42	44	48				

鞋子													
美國	4	$4\frac{1}{2}$	5	$5\frac{1}{2}$	6	$6\frac{1}{2}$	7	$7\frac{1}{2}$	8	$8\frac{1}{2}$	9	$9\frac{1}{2}$	10
不列顛群島	$2\frac{1}{2}$	3	$3\frac{1}{2}$	4	$4\frac{1}{2}$	5	$5\frac{1}{2}$	6	$6\frac{1}{2}$	7	$7\frac{1}{2}$	8	$8\frac{1}{2}$
歐洲	35	$35\frac{1}{2}$	36	$36\frac{1}{2}$	37	$37\frac{1}{2}$	38	$38\frac{1}{2}$	39	$39\frac{1}{2}$	40	$40\frac{1}{2}$	41

Travel Wardrobe

旅行者的衣櫃

聰明打包的過程就好像一場時尚的數學遊戲一樣：把幾件單品變成許多不同的搭配組合。旅行時，之前的衣櫃原則同樣適用，而且必須更嚴謹的編輯。關鍵就是：喜愛所帶的每個單品，並確認所有衣服都符合所有的業務場合。最後，如果妳學會打包的數學，就能得到最終極的風格秘方：用一半的衣服，看起來卻兩倍的好看。

「有沒有什麼事情是決定要旅行時，會讓妳覺得很恐怖的事情？只要妳起飛了，一切就沒問題，不過在那之前的最後時刻卻像地震般讓人幾乎要昏倒，覺得自己好像一隻被人從岩石縫中硬拉出來的蛇。」

——安·莫洛·林白（Ann Morrow Lindbergh：著名飛行家林白的妻子）
《如在天堂，如在地獄》（*Hour of Gold, Hour of Lead*）

我的旅行制服是什麼？

How to Pack

如何打包

因公出差時，妳的行李箱必須：1. 跟妳的檔案管理系統一樣有效率；2. 跟妳最好的套裝一樣見得了人；以及 3. 夠實用，可以把那些套裝（還有漂亮的襯衫和鞋子）整齊安全的送到最後的目的地。

- 每件單品都應該互相搭配。最好是素色，且務必狀態良好。
- 所帶的東西不要多到妳無法獨自一人在機場拖著走。
- 所有包包都應該有識別證（包括一張名片）和一張彩色、容易辨認的標籤。
- 在旅行箱中放一張行程表影本，以防萬一遺失時，可以輕易聯絡到妳。
- 帶著圓筒狀的旅行背包就好像穿著寬鬆的運動長褲參加董監事會一樣。
- 布料很重要。行李箱應該堅固耐用，如果選擇尼龍材質，請用最堅固的彈道尼龍（ballistic nylon：二次世界大戰中發明、專供飛行員穿著使用的超厚人造纖維），這是最堅固的纖維，約有1千丹尼（denier：顯示纖維的寬度與強韌程度的數字系統）。一般出差用的旅行箱，如果是420丹尼的尼龍或600丹尼的人造纖維，應該就夠用了。

滾輪旅行箱（wheelie）
打包必備：內建衣物袋、操作容易的滾輪，以及長度適中、可以輕鬆拖著走的伸縮把手。

隔夜旅行包（overnighter）
妳的隨身行李應該跟妳本人一樣受人敬重，拿起來千萬不要顯得過重或很奇怪。

衣物袋（garment bag）
衣物袋的目的就是讓妳旅行箱裡的衣服就跟掛在家裡的衣櫃般不會輕易變皺。為了避免起皺，請務必在每件衣服外面再套上一個乾洗塑膠袋。

如何打包

1. 首先把皮帶扣起來，然後沿著行李箱的內裡邊緣擺放。

2. 接下來打包重的或厚的東西──鞋子、盥洗包（隨身的手提袋中務必帶一支牙刷）。

3. 在衣服之間放一張紙或塑膠紙，讓衣服在滑動時不會互相摩擦，以免起皺。

4. 長褲的打包：在車縫線部位對摺，然後攤平放在行李箱中，褲腿垂在行李箱的一邊。上面放一層紙巾或塑膠紙，然後就這樣放著……

5. 再放上毛衣、裙子，接著是比較輕的東西（針織背心、圍巾），然後是另外一層紙。

6. 把長褲的褲腿摺回來。

7. 用塑膠袋把已經套上乾洗袋的衣服再套一層。

8. 帶一個尼龍防水袋（stuff sack），好裝內衣或其他較不易皺的衣服。

尼龍防水袋（stuff sack）

尼龍防水袋是登山客的發明。在把打包當藝術、效能當科學研究般的商務旅行中，防水尼龍袋不但解決了東西該放哪裡的困擾，還讓妳可以迅速輕鬆的找到特殊的東西。使用防水尼龍袋時，可以用不同的顏色代表不同的內容物──從絲襪到小家電。網眼袋（mesh sack）則很輕，透明而且可以讓水輕易蒸發。拉鍊袋（Ziplock）也是很好的收納袋，尤其是那些濕掉的泳裝或上健身房穿的衣服。

What to Pack

- 首先準備一套中性色的套裝。
- 選擇可以搭配那套套裝的上衣、手提袋、鞋子和其他配件。
- 盡量不要選帶有圖案的。
- 用配件或點綴色彩來改變整體面貌（穿在上半身的比穿在下半身的，更容易被人記住）。
- 把所有東西都攤在床上，讓妳可以一眼就看到搭不搭，以及還缺少什麼東西。
- 越簡單的形狀搭配性越強。
- 多層次穿著以因應氣候的變化。
- 打包前務必試穿每件衣服。
- 內衣必須搭配外衣。
- 如果旅行時間超過三天，可以在自己所住的房間內清洗內衣。
- 喜愛所帶的每樣東西。
- 要記得攜帶珠寶、常用藥物、行動電話，以及任何妳隨時都需要的重要資訊。
- 攜帶不容易皺的衣服。

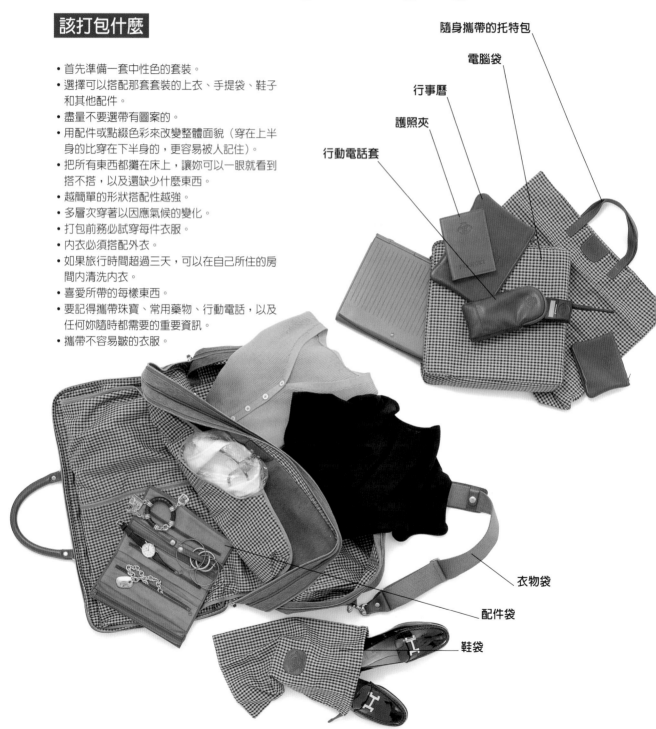

隨身攜帶的托特包

電腦袋

行事曆

護照夾

行動電話套

衣物袋

配件袋

鞋袋

一週打包紀事 ...One Week

1. 理想　2套套裝
2-3雙鞋子
5件上衣
1件洋裝
1件外套
托特包
小包包
內衣
備用：運動服

2. 事實　黑色套裝
淺褐色套裝
3雙鞋：黑色平底鞋、晚宴鞋、淺色的實用高跟鞋
紅色貼身洋裝
5件上衣：黑色尼龍T恤、淺褐色針織背心、白色
絲質襯衫、黑色高領衫、淺藍色兩件式
毛衣

3. 應用

日期	上午	下午	備註
週一：旅行日	黑色套裝搭黑色T恤	同左	黑色平底鞋 晚餐時換成包鞋
週二	開會：淺褐色套裝搭配淺褐色針織背心	雞尾酒餐會：紅色洋裝、珍珠項鍊	白天：淺褐色包鞋 晚上：黑色包鞋（絲襪）
週三	自由活動：淺褐色裙子＆藍色毛衣，游泳用品	晚餐會議：黑色長褲＆白色絲質襯衫	黑色包鞋、珍珠＆小包包
週四	早餐＆午餐會議：淺褐色裙子，黑色套裝外套、高領衫	客房服務！	淺褐色包鞋
週五	游泳、逛街！	晚餐會議：紅色洋裝、黑色套裝外套	黑色包鞋、珍珠＆小包包
週六	全天開會：黑色長褲，兩件式毛衣	同左	黑色平底鞋
週日：旅行日	黑色長褲搭配黑色高領衫	同左	當然是黑色平底鞋

打包檢查表：垂直欄位上列出旅行的日子。接著做三個連在一起的欄位，把上午、下午該穿的衣服寫出來，另外一欄則是備註補充（例如：運動服）。把妳打算穿的衣服都寫上去，每件衣服務必能夠充分混合搭配，以免帶太多。

Travel Clothes

旅行時穿的衣服

不論裝扮多麼有型，如果不適合在
旅行時穿著，就不能帶著去旅行。
在轉機時穿的衣服應該既實用又見
得了人。妳代表的是自己的公司，
即使是下班後。

套裝
職場的必需品，布料最好有
彈性（才會舒服），而且要
不容易皺。

長褲
輕鬆旅行的良伴。

太陽眼鏡
出門時千萬不要忘了帶。

皮包
品質好，而且大小必須剛好
裝得下隨身必需品。

平底鞋
讓妳舒服地在機場與路上悠
遊行走。

聰明的選擇：
- 一件輕薄的微纖
  維大衣。
- 一條帕許米納
  （Pashmina）羊
  毛披肩，必要時
  可以當毯子用。
- 舒服的襪子。

Travel Wardrobe 旅行衣櫃

1個包包　7件單品　11種場合

1. 灰色套裝搭配粉紅色絲質背心＝開會
2. 灰色套裝搭配藍色針織上衣＝做簡報
3. 灰色長褲搭配粉紅色背心＝跟客戶喝酒
4. 灰色長褲搭配兩件式毛衣＝拜訪工廠
5. 灰色長褲搭配藍色針織上衣＝跟客戶共進晚餐
6. 黑色長褲搭配粉紅色絲質背心＝頒獎餐會（award dinner）
7. 黑色長褲搭配藍色針織上衣＝晚上外出
8. 黑色長褲搭配兩件式毛衣＝座談會
9. 黑色洋裝搭配開襟毛衣＝午餐會議
10. 黑色洋裝搭配灰色套裝外套＝早餐會議
11. 黑色洋裝＝雞尾酒

套裝
搭配性最高的旅行必需品，上下一起穿（展現終極的權威感），或當個別單品跟其他單品混搭，則可創造無限的職場面貌。

兩件式毛衣
有接近套裝外套的得體感（不過打包時技巧要好），還可以帶來全新的色彩點綴，並為長褲、套裝或裙子帶來女人味。

黑色長褲
是套裝外套、白襯衫、串珠晚宴絲質背心等的百搭單品。旅行良伴：不顯髒也不易皺。

黑色洋裝
搭配不同的配件，如白天的外套與圍巾，到裸臂、戴珍珠項鍊與露趾高跟鞋，就能完全改變面貌。

打包檢查表——好用的試算表

這可能是最有效率的試算表用法。擬訂一份詳盡的（好吧，有人說是狂熱的）打包清單。在妳知道哪些有用、哪些少了之後，請記下來，這樣，妳的每次旅行都會變得越來越有效率。

品項	週一	週二	週三	週四	週五	品項
內衣						**內衣**
胸罩						胸罩
內褲						內褲
襯裙						襯裙
束腹帶						束腹帶
襪類						**襪類**
褲襪						褲襪
襪子						襪子
套裝						**套裝**
外套						外套
裙子						裙子
長褲						長褲
單品						**單品**
上衣：						上衣
裙子／女版襯衫						*裙子／女版襯衫*
T恤						*T恤*
毛衣						毛衣
高領衫						高領衫
外套						外套
裙子						裙子
長褲						長褲
配件						**配件**
錢包						錢包
皮包						皮包
皮帶						皮帶
珠寶						珠寶
手錶						手錶
眼鏡						眼鏡
太陽眼鏡						太陽眼鏡
鞋子						**鞋子**
高跟鞋						高跟鞋
平底鞋						平底鞋
包鞋						包鞋
外出服						**外出服**
風衣						風衣
大衣						大衣
圍巾						圍巾
手套						手套
帽子						帽子
雨傘						雨傘
其他						**其他**
健身服						健身服
泳衣						泳衣
晚宴服						晚宴服
運動服						運動服

打包清單

製作打包清單的理由
1. 簡化打包過程，並讓它井然有序。
2. 控制打包的品項數量。
3. 不會遺漏重要物品。
4. 不會攜帶過多物品。
5. 有助整理服裝搭配組合。
6. 可做為行李遺失時的索賠依據。

商務出差
- ❏ 地址簿
- ❏ 廣告物品
- ❏ 飛機票
- ❏ 拜會行事曆
- ❏ 手提箱
- ❏ 名片
- ❏ 計算機
- ❏ 電腦、配件
- ❏ 確認單：飯店等
- ❏ 聯絡人
- ❏ 信用卡
- ❏ 費用支出表格
- ❏ 檔案夾
- ❏ 螢光筆
- ❏ 推薦信
- ❏ 馬克筆
- ❏ 會議資料
- ❏ 錢
- ❏ 筆記本
- ❏ 紙夾
- ❏ 護照
- ❏ 鉛筆／筆
- ❏ 卷宗
- ❏ 簡報物品
- ❏ 價格表
- ❏ 提案
- ❏ 出版品
- ❏ 訂購單
- ❏ 報告
- ❏ 橡皮筋
- ❏ 樣品
- ❏ 印章
- ❏ 釘書機、釘書針
- ❏ 錄音機、錄音帶
- ❏ 文具用品、信封

- ❏ 時間記錄表
- ❏ 工作墊

過夜
- ❏ 盥洗包
- ❏ 睡衣
- ❏ 裙子
- ❏ 襪子、絲襪
- ❏ 內衣

隨身攜帶
- ❏ 地址簿
- ❏ 相機、底片
- ❏ 汽車／房子鑰匙
- ❏ 確認單
- ❏ 電子用品
- ❏ 眼鏡：平常戴的、太陽眼鏡
- ❏ 外語字典
- ❏ 手提袋
- ❏ 身分證明文件
- ❏ 珠寶
- ❏ 藥品
- ❏ 錢
- ❏ 外出服
- ❏ 護照、簽證
- ❏ CD隨身聽
- ❏ 讀物
- ❏ 票
- ❏ 牙刷、牙膏
- ❏ 水

基本服裝
- ❏ 皮帶
- ❏ 黑色洋裝
- ❏ 黑色鞋子
- ❏ 一件式緊身衣、緊身褲
- ❏ 手提袋
- ❏ 襪類、內衣
- ❏ 牛仔褲
- ❏ 珠寶
- ❏ 風衣
- ❏ 圍巾
- ❏ 短褲
- ❏ 睡衣
- ❏ 球鞋
- ❏ 運動服
- ❏ 配有長褲跟裙子的套裝

- ❏ 毛衣
- ❏ 泳裝、紗籠（sarong）
- ❏ T恤
- ❏ 背心
- ❏ 好走的鞋子
- ❏ 手錶
- ❏ 白襯衫

隨身旅行包
- ❏ 嘔吐袋
- ❏ 沐浴油
- ❏ 避孕物品
- ❏ 身體乳液
- ❏ 去汙劑
- ❏ 連鏡小粉盒
- ❏ 化妝包：
  - ❏ 梳子
  - ❏ 遮瑕膏
  - ❏ 眉筆
  - ❏ 眼影
  - ❏ 夾睫毛器
  - ❏ 眼線筆
  - ❏ 粉餅
  - ❏ 粉底
  - ❏ 護唇膏
  - ❏ 唇線筆
  - ❏ 唇膏
  - ❏ 睫毛膏
  - ❏ 指甲油
- ❏ 棉花球
- ❏ 棉花棒
- ❏ 牙線
- ❏ 假牙、盒子、清潔劑
- ❏ 體香劑
- ❏ 陰道盥洗器（douche bag）／乳液
- ❏ 指甲銼刀
- ❏ 眼霜
- ❏ 眼睛卸妝油
- ❏ 爽足粉
- ❏ 頭髮護理：
  - ❏ 長髮夾
  - ❏ 髮夾
  - ❏ 梳子
  - ❏ 髮捲
  - ❏ 捲髮器
  - ❏ 吹風機
  - ❏ 橡皮筋

- ❏ 綁頭髮的髮圈
- ❏ 造型用品
- ❏ 護手霜
- ❏ 卸妝液
- ❏ 滋潤乳霜
- ❏ 漱口水
- ❏ 去光棉
- ❏ 晚霜
- ❏ 香水
- ❏ 刮鬍刀、刀片
- ❏ 生理用品
- ❏ 針線包
- ❏ 洗髮精、潤絲精
- ❏ 浴帽
- ❏ 肥皂、皂盒
- ❏ 防曬乳液
- ❏ 紙巾
- ❏ 拔毛箱

藥品檢查表
- ❏ 消毒水
- ❏ 阿斯匹靈
- ❏ OK繃
- ❏ 冷敷劑
- ❏ 腸胃藥
- ❏ 緊急聯絡人與電話
- ❏ 身分識別手環
- ❏ 防蟲劑
- ❏ 用藥資訊：過敏、藥物使用與血型
- ❏ 水泡用墊布（moleskin）

- ❏ 醫生姓名、地址與電話
- ❏ 處方用藥
- ❏ 防曬用品
- ❏ 溫度計
- ❏ 喉糖
- ❏ 維他命

國際旅行檢查表
- ❏ 聯絡人的地址
- ❏ 汽車註冊表單（如果開車的話）
- ❏ 現金，包括一些妳將前往國家的貨幣
- ❏ 信用卡
- ❏ 緊急聯絡人與電話
- ❏ 備用的眼鏡與隱形眼鏡
- ❏ 保險單
- ❏ 國際駕照
- ❏ 逛街用的輕薄托特包
- ❏ 個人醫療資訊
- ❏ 護照、簽證、健康證明
- ❏ 常用片語書或字典
- ❏ 機票與旅行文件
- ❏ 旅行行程表
- ❏ 旅行支票與個人支票

⋯⋯還有娛樂

——放輕鬆，不過就是妳的事業

盛裝也要精穿細著

如果工作就只是工作——只要完成手邊的工作——就不需要這本書了。不過，如同我們之前討論過的，工作也跟外表與印象、自信與認知有關。而且再也沒有比工作的社交層面中模糊的個人風格要求（所謂的「與娛樂共舞」）還要複雜難解的了！不論妳說的是跟客戶共進晚餐、參加聖誕節派對，或代表公司參加慈善活動等，整個遊戲的場所完全改變。

務必記住的是：這類社交活動是商場手法的延續。如何根據已知的資訊準備服裝，並遵守相關的儀節，可能是左右妳前途的關鍵。

危險地帶：輕鬆場合的穿著

在生意進展到休閒的場合時，小心，裡面可能藏有完全出乎妳意料之外的陷阱：除了裙子長短這個議題之外，還有泳裝是否得體（只能穿一件式，下水前，必須完全遮蓋起來）以及紗籠的透明程度（絕對不行）。這個不是「需要穿外套嗎？」，而是「卡其褲夠俐落嗎？」（或「我的卡其褲還可以嗎？」）的場合。以下就是幾個在攸關前途的休閒場合中如何穿著的睿智建議。

大型會議（convention）

　　大型會議的標準穿著規範是：工作中卻很輕鬆。換句話說，就是比照妳在辦公室中最休閒的那一天的穿著（休閒星期五除外）。男人往往會穿外套，但是不打領帶。對女人而言，長褲加高領衫，還有一條不錯的皮帶，或長褲加女版襯衫，都能傳達正確的訊息。

業務協商會議（sales conference）

　　在業務協商會議中的穿著規範是工作休閒型，也就是說看起來好像全新、俐落又乾淨的「玩耍」衣服。目標：看起來輕鬆又夠專業。

閉關修練（retreat）

　　這是個很奇怪的現象：讓一群同事飛到某個氣候比較溫暖的地方去放鬆，討論一些策略，再建立一些同志情誼。在這樣的環境中，許多人會把穿著輕鬆解讀為邋遢——這可不是想要穿什麼就可以穿什麼的場合。就跟業務協商會議一樣，請穿看起來休閒又不失優雅的衣服。

燈光、相機……

　　為工作而盛裝打扮並不表示要頂著高聳的頭髮和濃妝豔抹。多餘的東西都會造成干擾，沒有化妝看起來則不夠專業。整體而言，妳應該看起來就像平常的工作日一樣——儀容整齊又乾淨——不過妳可能想要稍微打扮一下：也許是修個指甲或做個髮型。彩妝部分可以低調的強調一下，不過只能選擇強調眼睛或嘴唇，如果不太確定，就請教專業人士，大部分百貨公司的化妝品專櫃都有提供這種免費的服務。至於香水，不要擦太濃。

精挑細買

有時候，工作就是遊戲。在遇到偶發「非上班」的職場活動時，例如：跟同事到邁阿密閉關修練，以提振士氣，或跟潛在客戶到杜比克（Dubuque：美國愛荷華州第八大城市，為當地人文與經濟的樞紐），就會遇到全新的穿著挑戰。使命：調整妳的衣櫃，讓它在適合休閒的工作場合中，仍能兼顧妳的專業能力與前途目標。

娛樂

展現妳的最佳形象

深色顯瘦。從頭到腳、單一顏色的打扮會有拉長身體的錯覺，還能淡化個別的缺點或不好的比例。上下穿不同的顏色會把身體切成兩半，還會強調不同的地方。橫條紋會強調身體的水平面，看起來會較寬。直條紋則會強調垂直面，視覺上有拉長身體的效果。不論身材的哪部分有問題，都務必越簡單越好；想要拉長身體某個部分的企圖往往會引起更大的注意。

精挑細買：晚上

天黑之後的打扮：不論妳的工作是否每週都必須參加正式的場合，或只是偶爾的辦公室活動，妳都必須永遠為正式的場合未雨綢繆。目標就是設計出一或兩個看起來時髦、低調講究、好品味，也不會過度性感的夜晚面貌。換句話說，就是那些說著「優美」且「專業」，而非「開派對吧！」的衣服。這表示簡單的線條、經典的樣式、高度的知性氣質，而且一點也不暴露。

- 線條務必保持簡單且典雅：不可以穿高中舞會的衣服或蓬裙；最好選擇窄裙或A字裙。
- 盡量不要有裝飾細節。在工作場合不適合穿得像鑽石般閃閃發光或戴著飄來飄去的羽毛。
- 除非是長裙，否則裙子的長度最好及膝或在膝下。
- 絲襪應該透明或半透明。
- 鞋子：晚上的場合需要穿特殊的鞋子。鞋子可以採用的得體材質包括沒有光澤的緞子（peau de soie：通常用來做新娘禮服）和有光澤的綢緞。一雙有跟的鞋可以讓妳覺得有打扮，但不一定得穿非常高的鞋子（如果不習慣穿高跟鞋，就避免穿高會讓妳搖搖晃晃的鞋子）。還有，跟所有的鞋子一樣，品質最重要。
- 手提袋：越小、越講究。款式包括手腕小錢包、手抓包或形狀比較方正的手拿包。材質包括絲與緞，偶爾可以有些刺繡或加珠珠

綴飾。不要塞得過脹，只攜帶必要的東西就好：現金、口紅、鑰匙。

- 簡單且搭配性強的單品：買個別單品可讓妳建立一個可以創造無數不同面貌的夜晚外出服衣櫃。
- 黑色長褲：搭配鑲有珠珠的兩件式毛衣、一件絲質或緞面襯衫，或一字領針織衫。增加一條講究的皮帶、高跟鞋、一個小包包，還有珠寶。
- 黑色長裙：搭配沒有一定形狀的上衣、針織上衣、講究的鞋子，還有珠寶。
- 其他選擇：一條及膝裙、一件絲質襯衫式洋裝、一件黑色無袖洋裝。

如何升級妳那些講究的衣服

如果妳已經建立了一個自己喜愛的衣櫃，當某些妳喜歡的單品不再適合或有新鮮感時，可能會讓妳感到難過。有時候，這些衣服是可以拯救的。穿上妳最講究的衣服，一一試穿每件衣服。如果有點太緊，也許可以去請教裁縫，把縫邊放掉一些，通常料子很好的衣服縫邊裡都留有足夠的布料，可以放寬。如果妳有一段時間沒穿了，可以考慮變更一下長度或拿掉墊肩，就會有煥然一新的面貌。一件有裝飾的外套或一條有刺繡的圍巾都能增添色彩與質感，讓妳在容光煥發之際，還能改變領口的線條。如果妳需要有新東西，請投資在一件線條簡單、布料優雅的洋裝上——只要搭配不同的配件，就能輕易轉換面貌。

為什麼是黑色

黑色就是簡單、經典、優雅，永遠得體，可以讓妳全然的耀眼，也可以讓妳完全不引人注意。一件黑色的衣服可以一穿再穿，而且只要換了配件，就沒有人會記得妳曾經穿過。不論是用顏色增添趣味，加入珠寶、或讓人震撼的閃亮，黑色都是這些場合裝扮的最佳背景。

如何買到合適的黑色長褲

就跟每個女人都需要一件完美的黑色洋裝一樣，每個女人也都需要一件完美的黑色長褲。不幸的是，妳喜歡的長褲可能是別人的噩夢。長褲比洋裝或裙子更貼身。它們可以強調腰身、臀部、大腿，甚至小腿和腳踝，不過每一種體型所需要的長褲版型都不相同。所以妳需要花很多時間試穿，直到找到適合妳的長褲款式為止。

如果妳有個「翹臀」，後面看起來很豐滿，長褲就必須順著臀部。線條與裝飾都應該簡單，牛仔褲後面的口袋不能太小。不過，臀部扁平的人後面口袋應該有刺繡或口袋蓋等細節，但是千萬不要穿緊身褲。屁股太寬或腿太粗的人，最好穿腰部夠大，且不是窄褲管的長褲。如果妳的腳踝很細，請選擇在腳踝收縮的窄褲管、長度較短的長褲，例如卡布里長褲（Cabri pant：也就是九分褲或七分褲），用超大、有拉長效果的上衣，掩飾臀部和大腿。從脖子到腳踝都穿一個顏色，也是創造拉長效果，減少寬度的視覺錯覺法。小腹凸出的婦女可以找有彈性腰帶的長褲來穿，比較舒服，但必須避免腰部與臀部有多餘的布料。穿那種應該放在外面且蓋過腰際的上衣。

如果妳認為尋找完美的長褲是件不可能的任務，請找一位個人購物顧問幫助妳。她必定經驗豐富，也可以提供一些妳沒注意到的細節。如果妳找到適合自己的風格，多買幾件，或是同樣款式、用不同布料做成的長褲。妳的裁縫會為妳做衣服

的版型，以後妳每季就能輕鬆擁有穿起來很好看的長褲。記住：不同布料做成的衣服，可能會有不同的合身度。較高大、較胖的女人往往穿輕薄布料的長褲最好看；而很瘦的女人則穿厚重布料做成的長褲最好看。

選擇長褲時，不要買容易皺的布料，要找有彈性的布料，即使超大尺碼也會因為5%的萊卡纖維而受益。那些以前認為穿牛仔褲很不舒服的人，現在拜彈性纖維之賜，也喜歡穿牛仔褲了。

選擇黑色長褲時，務必找到穿起來既挺又不會亮閃閃的布料。絲絨、燈芯絨和稜紋綢這幾種布料會因為時間而失去光澤，羊毛斜紋防水布或其他輕薄羊毛是最佳的選擇。

試穿間的檢查

站在三面鏡前，如果看到內褲的痕跡，請買一條丁字褲或無痕內褲。可能的話，請穿著妳打算搭配的鞋子去試穿長褲。有些窄管的褲子可以穿短一點，不過，大部分的長褲都必須剛好輕輕垂在鞋面上。如果長褲太短，把反摺的地方放下來。如果妳很矮，就把反摺一起拿掉——褲腿越長，就顯得腿越修長。不要腹部和大腿都很緊的長褲，不妨試試前面有打摺、褲管較大、或具垂墜感布料做成的長褲。如果腰帶會讓肚子凸出來，請改穿低腰或更高腰式樣的長褲。

緊急補救措施

晚上穿的衣服因為特殊的細節裝飾或布料，通常需要特殊的處理。**辨認處理標籤**：製造者或進口商即使知道很多安全處理布料的方法，卻多半只需要列出一種方法即可。如果一件衣服上有清洗指示的標

籤，表示它也許可以或不可以送去乾洗，但我們無法從這個標籤上得知是否可以乾洗。有些標籤的確會告知消費者所有的處理方法，不過，要不要如此做，則由製造者自己決定。如果一件衣服上面標示「乾洗」，而非「只能乾洗」，而且布料的結構簡單，在妳測試了染色牢度（colorfastness）之後，就可以決定要不要自己洗。

清洗羊毛布料：含氯漂白劑會傷害羊毛纖維，請用羊毛專用洗潔劑。用毛巾包起來擰乾，然後攤平放在平坦物體的表面上，避免陽光直射。用蒸氣整燙羊毛，可以讓它們恢復原狀。

清洗喀什米爾羊毛：編織而成的喀什米爾即使上面沒有「只能乾洗」標籤，也應該乾洗。水洗可能會讓衣服縮水，染料掉色，產生許多汙點。如果上面標示可以手洗，請攤平瀝乾，才不會變形。針織的喀什米爾除非另有標示，否則都可以手洗。

清洗絲質衣物：絲質圍巾應該乾洗。如果水洗，圍巾可能因為表面的絲光處理被破壞，而變得不夠牢固。可能會掉色。含氯漂白劑會破壞絲質，讓它變黃。

可水洗絲：特殊的洗前處理讓某些絲質布料可以水洗。生絲、中國絲、印度絲、廣東縐紗（crepe de chine）、繭綢（pongee）、山東綢（Shantung）、柞絲綢（tussah）、度琵奧妮絲（douppioni）與緹花絲（Jacquard）等，都是可以水洗的。用毛巾包在裡面捲起來，吸收水分，再掛在有加墊布的衣架上。用機器烘乾絲質衣服，會讓它破裂，可以用低溫熨斗、噴一點水，把它燙平。

絲絨的處理：絕對不可以整燙尼龍絲絨布。把絲絨衣服掛在有加襯墊的衣架上；不要摺起來。嫘縈（rayon）絲絨和醋酸纖維／嫘縈絲

混紡的絲絨都必須乾洗。經常用蒸氣和柔軟的刷子處理它的表面，可以讓絲絨永保如新。蒸氣可以讓被壓扁的絨毛站起來。

好好跟乾洗師傅溝通

為了讓汙漬完全移除，只要衣服弄髒，馬上就送到乾洗店，告訴他們是被什麼東西弄髒。那些在家裡因自行處理汙漬而受到破壞的衣物，有時可以因此救回來。

金屬片與珠珠：如果衣服上的金屬裝飾或珠珠黏到圍巾上，應該馬上乾洗。乾洗時應該用一個網子把衣服放在裡面，且必須確認珠珠不會因為乾洗而掉下來或褪色。如果金屬片或珠珠是縫在可水洗的布料上，可能就需要在冷水中用冷洗精手洗。

乾洗金屬絲布料：把含有金屬絲的衣服送洗，風險很大。它們應該用石化或碳氟化合洗劑清洗，而非一般的乾洗液。

用手移除汙漬：不論是專業乾洗師傅或自己在家處理，是否能移除汙漬，是由布料製作過程中所上的染料和漿（sizing：也就是表面處理）遇濕是否會掉色而定。如果標籤上說「只能乾洗」、衣服容易掉色、或汙漬很油膩時，就千萬不要自行移除汙漬。因為染料和表面處理往往會因為潮濕而掉色，建議妳在測試染色牢度之前，絕對不要用水移除汙漬。濃縮醬汁或酒的汙漬很難移除，在還沒有被布料吸收之前，趕快用白色紙巾吸掉多出來的液體。絕對不要刷或壓，可能會毀了布料的紋路。

盥洗用品、香水與酒精的汙漬：香水、髮膠與盥洗用品都含有酒精，可能導致絲質布料掉色或變色。在妳穿著這些衣服之前，先讓它們乾燥，酒精飲料的汙漬必須盡快移除。有些絲質染料，尤其是藍色和

綠色，對於洗面皂、洗髮精、去汙粉與牙膏裡常見的強鹼很敏感。如果圍巾因為這些東西而掉色，馬上送到乾洗店，討論該如何復原。

紅酒或有色酒類：灑上能吸水的粉末或鹽，再刷掉，然後浸在礦泉水或冷水中；最後用外用酒精沖洗。接下來是極端的另一面……

精挑細買：泳裝

當泳裝季節再度來臨時，妳最好手腳快一點，否則就必須落到穿上一季泳衣的窘境了。如果妳經常穿，表示上一季的泳衣現在已經有點褪色或變形——換句話說，不保證在下一個夏天依然能讓妳百媚千嬌。一個很殘酷的事實是：我們最討厭購買的衣服卻是最需要經常替換的衣服。雖然我們很清楚自己身材的缺點，不過，在某個地方卻躺著一件可以幫助我們展現身材優點的完美泳裝。萊卡這種布料有緊實和上提的效果；透明的飾條欲蓋彌彰；顏色與圖案會引導別人注意妳最好看的部位，忽略最差的部位。所以放輕鬆——有希望的！

- 裡面穿上不會超過泳裝邊緣的內衣。
- 保留足夠的試穿時間。
- 不要被泳裝的尺碼嚇到：它們通常都比妳常穿的衣服尺碼大一號。
- 彎腰、伸展、坐下來：移動起來會不會不舒服？內裡有發揮效用嗎？
- 想想看自己的生活型態：妳買泳裝是準備泡熱水澡時穿（經常接觸熱氣，會破壞布料，所以不要花太多錢），還是想要做日光浴時穿（罩杯部位越小，日光浴不均勻的痕跡就越少），還是在游泳池裡來回游泳時穿（背心式泳裝最適合）？

如何選購泳裝

目標就是讓別人盡量不注意到妳身材的缺陷，多看妳身材的優點。

- 沒有腰身？試試看中間有腰帶裝飾的泳裝或高腰的兩件式泳裝。
- 胸部小？找那些布身比較厚的布料（絲絨、鉤針編織布）、胸部有細節的裝飾（皺摺）、上衣有上提效果，且加襯墊的。
- 胸部大？寬肩帶和高領線設計，有支撐的效果。
- 大腿粗？不要穿高衩的泳裝，要強調肩膀、胸部與腰部。
- 下半身大？試試看下半身有倒三角形圖案的泳裝，讓兩邊稍微上提且變小。
- 中廣身材？選擇有公主車縫線（沿著胸部兩側往下車的線）的泳裝。
- 梨形身材：選擇上半身鮮亮的顏色、下半身深色的泳裝。

泳裝須知

大部分女人對於泳裝的要求，就是穿起來必須舒服。舒服就是動的時候，該藏的藏，該露的露。如果我們伸手拿東西時，泳裝會掉下來，就不是好泳裝。如果在走路時會捲起來，那事情就嚴重了！

接下來，女人希望泳裝必須能夠讓她們看起來身材很棒。用開高衩剪裁拉長腿部，以大膽的挖背強調背部，如果身材很好，也可昂首闊步的穿著比基尼四處走動。

泳裝的最佳配件就是太陽眼鏡、防曬油和微笑。

有時候，我們必須盛裝，即使是在穿泳裝的場合。罩衫可以增加優雅，配件增加魅力，罕見布料或圖案引人的泳裝，也能增添慶典氣氛。

下半身較笨重：最好選擇下半身顏色比上半身深，或有擴大肩膀效果的高領口泳裝，以均衡整個體型。下半身比胸線邊縫寬兩英吋的剪裁，有修飾身材比例的效果。臀部大的人，泳裝後面應該看起來像個倒三角形，把視覺焦點轉移到中央，並漸漸擴散到兩旁，藉此修飾整個臀部。

沒有腰身：找中間有腰帶裝飾、高腰設計的兩件式泳裝，還有整件有彩色飾條、但中間顏色較深的泳裝。

身材圓滾滾：找深色、有特別強調身體曲線的公主車縫線或垂直條紋的泳裝。此外，也可以選擇微纖維這類高科技布料做成的泳裝，讓妳看起來更有型！

太瘦：白色和粉彩色可以讓妳看起來胖一點，平口褲管、橫條紋和印花都有修飾效果。尋找那些胸部加襯墊或強調胸部效果的泳裝。妳要的是一個具女人味又不會太「可愛」

的款式。

大胸部：上下皆有支撐的設計有修飾大胸部的效果。寬肩、厚肩帶、胸部下面有縫摺或抽摺的高腰式帝王線（empire waist）的泳裝，都是理想的款式。有些泳裝設計有類似浮動鋼圈或胸托（shelf bra：沒有罩杯，只在胸部下方有支撐的胸罩）「隱藏」式支撐物。深V領加上袖口稍微深一點的泳裝是很好的支撐，同時也能修飾大胸部。

小胸部：上面有絲絨、蕾絲花邊和鉤針編織裝飾布料做成的泳裝，可以增添性感魅力。印花、若隱若現的裝飾，以及橫跨胸部的車縫線等，都會讓小胸部顯得比較大。

中廣身材：有曲線的剪裁或不對稱的輪廓線條，都可以修飾妳的體型。順著胸部和腰部曲線的公主線，可以讓中廣身材看起來瘦一點。

腹部大：穿在腹部下方的三角泳褲反而可以顯現身體的線條，比穿在腰上面更能修飾身材（看看歐洲廠牌內衣的三角褲剪裁就知道）。

梨形身材：穿肩膀有不對稱剪裁或無肩帶的泳裝，可以強調妳的肩膀部位。船形領的中空上衣可以強調妳的鎖骨，下面搭配比基尼小褲，讓腿部的線條剛好從臀部的骨頭開始往下延伸。要避免穿開高衩的泳裝。

From Sales Conference

在參加看起來輕鬆的商業場合時（不論是在業務協商會議或辦公室的閉關修練），俐落、乾淨的休閒服，最恰如其分。

聰明的選擇

上衣
避免所有過於繁複、多餘或過緊的衣服。

針織衫
- 襯衫
- 品質好的T恤

下衣
- 卡其褲
- 寬鬆長褲
- 輕鬆的裙子（長一點、布料軟一點的也可以）

鞋子
- 舒服的平底鞋
- 涼鞋

襪類
如果是在溫暖地方舉辦的休閒場合，而且妳的腿看起來還不錯，不穿襪子應該可以被接受。

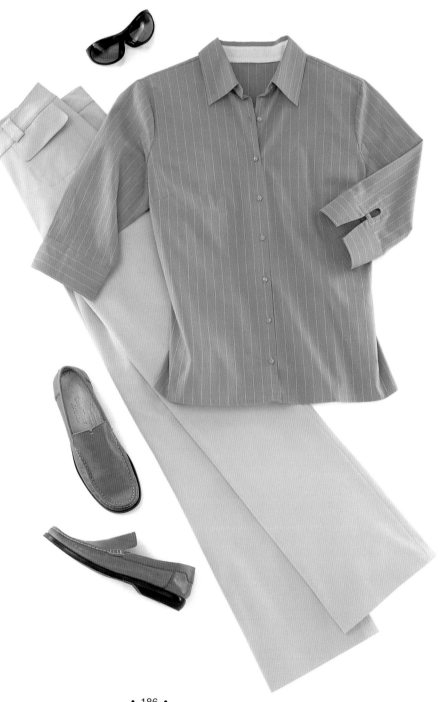

從業務協商會議到閉關修練 to Retreat

一件針織上衣有 T 恤的影子，卻增加了講究的剪裁，因此看起來值得尊敬。

兩件式毛衣
有女人味，又
具整體感。

V 領衫
學院風，休閒，
可以穿在 T 恤或
背心上面。

POLO衫
極富運動精神，塞
進去的時候，看起
來比較專業。

上午

From Drinks...

在為了晚上一個輕鬆的職場環境打扮時，最好時髦又有知性氣質
——而非性感。

休閒時的
雅緻細節

船形領

有趣的項鍊

七分袖

顏色

小包包

山東絲綢長褲

休閒涼鞋

涼鞋
（高一點的跟看起
來比較正式。）

選擇一件上面有裝飾的毛衣，而非平淡的開襟毛衣，再搭配一件絲質背心，讓整體看起來比較隆重。七分袖讓妳即使在溫暖的天氣下，也能舒適地穿著。黑色長褲可以讓妳從早上的會議一直穿到主人熱情的招待會上。

下午

Competitive Edge

休閒的職場社交場合可以是非常排外的，最後結果可能是水乳相容的愉快經驗，或被排拒在外的不快感受，因此服裝的選擇必須小心。妳跟死黨在海灘上曬太陽時穿的、小到不能再小的比基尼，在跟同事相處時，可能會不受歡迎。

高爾夫球與網球

傳統上，專業的女性高爾夫球員必須遵循男性同儕的穿著規範，不過，最近高爾夫球場上已經看到越來越多的時尚打扮。大部分的私人俱樂部的確對女性高爾夫球員有服裝規定，最好事先確認，以求安心。一般而言，最好穿及膝的短褲或裙子，如果妳覺得太呆板，想穿別的衣服時，切記：所有衣服都不能短於膝上四英吋。不可以穿任何像背心的上衣，襯衫應該有領子與袖子，這種穿著不僅較能保護妳不受太陽的荼毒，也可確保妳能在高爾夫球場上展現得體的時尚。

白色衣服和有領襯衫仍然是許多地方的基本規定，不清楚時，謹慎至上。乾淨的網球鞋、適當的襪子，再加上一頂不可或缺的帽子。

即使穿泳衣，
妳也可以看起來
很專業嗎？

答案是可以的

在水邊舉辦的商業活動本身就有其複雜性，
此時的穿著規範是工作休閒型，以及挑戰如
何在「太陽下製造樂趣」。

穿著規範

1. 一件式泳裝或背心式比基尼（tankini：上
   半身為背心、下半身為小三角褲的比
   基尼款式），就能得體又端莊。
2. 除了游泳或曬太陽之外，身上
   務必罩起來。選擇：紗籠、
   白色長裙、棉質毛衣、套
   上去的短褲或裙子。

避免

1. 下半身是丁字褲或小三
   角褲的比基尼款式。
2. 低胸、呼之欲出的
   胸部。
3. 所有透明的衣物。

執行長＝

執行所有

討厭事情

的長官

Business Entertaining

身為董監事會中的才女，稍後在老闆兒子的猶太成年禮
（Bar Mitzvah：猶太人為年紀到達13歲的小孩所舉辦的成
人禮儀式），也同樣閃耀迷人的妳，是個不折不扣、一
人可當多人用的女超人。在建立晚上的魅力衣櫥時，妳
需要的是跟妳同樣多才多藝、又能適應所有環境的衣
服。經典的夜晚裝扮──從黑色的細高跟鞋到兩側或腰
頭有緞面飾條的燕尾服長褲（tuxedo pant：仿照男人燕
尾服長褲款式的女版燕尾服長褲）──總是值得信賴，
又永遠有搭配彈性。

棒呆的高跟鞋
緞面、絲絨與稜紋
綢材質的高跟鞋適
合晚上穿著。

永恆的黑色
全年皆宜的黑色是
夜晚裝扮的基本配
備，不論搭配什麼
顏色的服裝皆可。

驚艷的配件
方整的黑色手抓包、黑色手套，甚至紅色的口紅等，都是適合各種入夜之後場合、歷久彌新的配件。

Right from Work...

如果在五點鐘的會議之後馬上接著舉辦會議後的活動，請把外套裡面原本樸素的背心換成閃閃發亮的上衣，如此一來，這套白天穿的端莊套裝就散發出屬於夜晚的閃亮光澤。

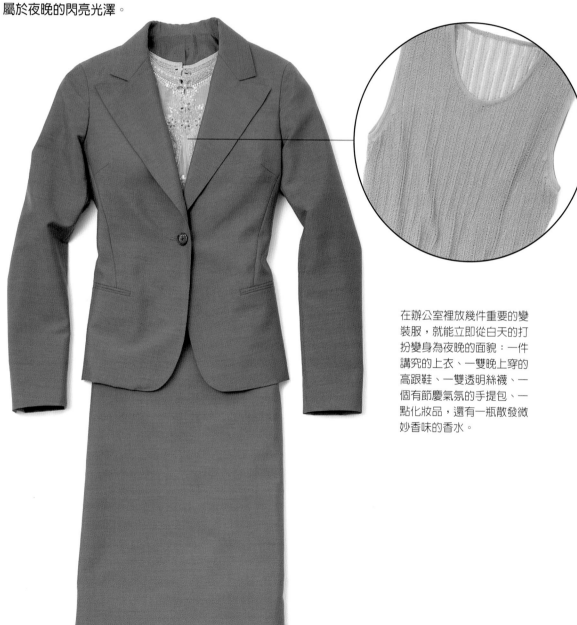

在辦公室裡放幾件重要的變裝服，就能立即從白天的打扮變身為夜晚的面貌：一件講究的上衣、一雙晚上穿的高跟鞋、一雙透明絲襪、一個有節慶氣氛的手提包、一點化妝品，還有一瓶散發微妙香味的香水。

or Going Home First?

如果妳幸運的可以在趕赴晚上活動之前先回家一趟的話，務必未雨綢繆，事先做好準備。家裡要放一件燙好的黑色洋裝，搭配適當的配件。何謂適當？如果是跟來自世界各地的人共同參與一個當代的活動時——換句話說，就是雞尾酒會——精穿細著的意思就是請妳穿有節慶意味、但不俗艷的服裝。

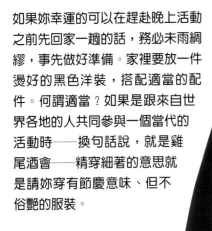

雞尾酒洋裝（cocktail dress）
黑色雞尾酒洋裝時髦、具知性氣質又經典。一件簡單有型的洋裝，只要搭配特殊的配件，例如：透明的黑色或膚色絲襪、晚上穿的包鞋，以及一個小晚宴包，就能閃亮動人。不論白天或黑夜的打扮，珍珠項鍊可以增添典雅的味道。

Black Tie

黑色領結的正式場合

慈善活動和頒獎典禮本身都有特殊的穿著規範。經典的燕尾服套裝氣質知性、性感又原創。尖尖的翻領和清新的長褲飾條，讓女版燕尾服套裝有男裝的華麗和優美，再加上一點女人味。合身度務必完美的無可挑剔。搭配講究的剪裁、有節慶味道、女性化的細節——一件彩色奢華的絲質背心、具夜晚華麗光澤的細高跟包鞋。

「抽菸」

在阿爾及利亞出生的巴黎設計師聖羅蘭（Yver Saint Laurent），21歲時成為迪奧（Dior）的首席設計師，25歲獨力開創自己的品牌。他的每一個階段都促成女性時尚與生活的新意義。他所推出的長褲套裝「抽菸」（Le Smoking），採用男裝燕尾服外套的方肩——以前嚴格規定只有男性可以使用——讓女性在顯示獨立的同時，還帶有自信與個人風格。

A Formal Affair

正式的場合

一套正式的晚宴套裝不僅簡單、讓人驚艷,而且對於許多害怕晚宴場合的人而言,這樣的打扮很安全。不論是專業的慈善晚會或跟某個重要客戶一起去聽歌劇,一件黑色及地洋裝和一件相互搭配的外套,絕對優雅。外套剪裁必須是T字形,至於洋裝的長度必須到妳打算穿的鞋子鞋跟。

最後的檢查

不論妳找的是完美的面試套裝，或想要一步登天的權力裝扮，整體的時尚策略不過是個開始。細節是王道，在這裡，我們要提醒妳最重要的那些細節：好的、不好的、醜的（不合身的、讓人困窘的……）。

> 「女人們彼此親吻時，總會讓人想到互相爭奪獎品的人在握手。」
>
> ──麥坎（H.L.Mencken）
> 美國知名記者與作家

面試裝扮

- 妳穿上套裝時是否感到充滿自信？
- 穿著套裝坐下來時，是否覺得自在？裙子會不會變得太短？襪子和長褲之間會不會有空隙？
- 妳的鞋子夠亮且保養狀況好嗎？
- 會不會看到妳的內衣？
- 裙子在燈光下會不會變透明？
- 檢查一下絲襪有沒有抽線或起毛球？
- 頭髮整齊有型嗎？
- 臉上有沒有多餘的毛髮？請用蜜蠟、漂白水或電針（electrolysis）除毛。
- 指甲是否長度適中、修剪整齊，而且稍微打亮。
- 化妝是否自然，但有修飾效果？
- 微笑。牙齒縫有沒有食物？
- 珠寶會不會叮噹作響或過度醒目？
- 皮包有沒有整理好，以免面試時遇到在皮包中撈東西的窘狀？
- 如果不知道該怎麼穿才好，請事先打電話給人力資源單位，請教穿著指導原則，並以保守為要。
- 妳看起來是否展現妳真正想要塑造的形象？

職場裝扮

- 鏡子檢查：妳的眼睛會先看哪裡？如果不是落在妳的臉上，請重新考慮所穿的衣服是否恰當。
- 妳是否傳送太多的視覺訊息？選擇一件彩色的外套、一條有裝飾效果的圍巾或一件印花上衣之後，其餘服裝都選擇中性色。
- 檢查鞋子。破損的鞋子有礙形象。
- 會不會帶太多東西？妳的皮包看起來會不會過重？
- 絲襪有沒有搭配整體面貌，還是過於突出？
- 檢查指甲。不論妳的衣服有多貴，不整齊或剝落的指甲油都有損形象。
- 衣櫃裡的服裝是否可以搭配所有的工作場合？
- 妳的穿著打扮是否配得上想要找的工作？
- 妳看起來是不是很像衣服在穿妳，而不是妳在穿它？
- 妳今天有精穿細著嗎？

權勢衣櫃

- 很好，妳買得起名牌，不過它們的鋒頭會不會比妳強？
- 妳的服裝是否自始至終都能反映出獨特又專業的風格（顏色、剪裁、態度）？
- 妳的打扮是否具權威感？
- 妳對自己的衣服感到自在嗎？它們是否貼切地傳達妳想要傳遞的訊息？
- 妳看起來成功且自信嗎？

旅行與娛樂

- 妳的行李箱看起來專業嗎？妳可以輕鬆的在機場中拖著它行走嗎？不慎遺失需要索賠時，妳能否輕易列出行李清單？
- 妳在辦公室之外穿著的服裝能否反映出想要傳達的專業形象？
- 旅行時，妳是否感到舒服？
- 妳在出席工作上的體育活動所穿的運動服裝是否沒有變形、能配合場合，而且上面沒有大學校徽或廣告圖案？
- 妳有沒有搭配晚宴服裝的外衣？

精穿細著──終身的課題

　　徹底整頓妳的衣櫃並不只是裙子的款式、高跟鞋,以及那些帶來額外魅力的套裝。全世界大概只有澳洲跟美國一樣,是一個喜歡再創造的國度。這本書就是為了這個目的而撰寫的指南──發掘自我風格的方法手冊。美國哲學家威廉‧詹姆斯(William James:1842-1910,美國知名心理學家與哲學家)曾經如此說過:想法不同,生活就不同。我們說:瞎拚不同,生活就不同。從新的角度審視妳的衣櫃,必然就能看到自己的新面向──還有生命,而且環境也會因此改變。

　　畢竟,事業如果少了不斷的自我再創造與個人發展,還能稱做事業嗎?從助理跳到副理、或從經理到董事等過程,在在需要自我認知、自信與能力的不斷擴充,妳的衣櫃也應該具備這種機能性。精穿細著不只是為了某次工作面試或迫近的升遷機會而突然的翻箱倒櫃,而是一個永不間斷的革命過程,也是妳對自己、事業和目標能否奉獻與投資的象徵。它是一種生活方式。

　　主要的訊息:妳可以瞎拚妳的成功之道──到某種程度。不過,要有責任感,精挑細買。精穿細著是一個終身的課題。每天早上都很重要,都必須展現妳的最佳形象──妳絕對無法知道誰會跟妳一起搭電梯上17樓,在飛機上誰會坐在妳旁邊19C的位置上,津津有味的嚼著花生,或是誰會以客戶的身分出現,結果卻是為妳打開另一扇機會大門的人。

　　是否有一種簡單的方法,能讓自己的衣櫃具備高度功能性、有利事業發展,又能讓別人留意到妳?簡緻流程:排定時間──也許是每季一

—幫妳跟自己的衣櫃排個約會，好好評估（目標、服裝）、除舊（舊的穿著理念、過時的風格），然後佈新（動機與幫助妳達到這些動機的工具）。

在（小道消息滿天飛的）形象世界中，妳穿什麼，就變成什麼。職場上，服裝往往被視為仔細觀察妳的地位與能力的管道。只要跟隨這些章節的方法，妳就會懂得如何控制自己在職場所投射的形象。妳的服裝將會跟著妳的能力一起向上提升，並且真實反映妳的狀況。最後，妳會忘記它們的存在——這就是精穿細著的終極目標。然後，妳唯一需要費心的工作，就是別人花錢請妳做的那一個。

女人穿衣聖經

生活風格系列 FJ1006

作　　　者	Kim Johnson Gross & Jeff Stone
撰　　　稿	Kristina Zimbalist
攝　　影　者	David Bashaw
譯　　　者	洪瑞璘
封　面　設　計	沈佳德
發　　行　人	涂玉雲
出　　　版	臉譜出版

發　　　行　城邦文化事業股份有限公司
台北市信義路二段213號11樓
電話：02-23560933　傳真：02-23419100
E-mail: faces@cite.com.tw
英屬蓋曼群島商家庭傳媒股份有限公司城邦分公司
台北市民生東路二段141號2樓
讀者服務專線：0800-020-299
服務時間：週一至週五9:30~12:00；13:30~17:30
24小時傳真服務：02-25170999
讀者服務信箱E-mail:cs@cite.com.tw
郵撥帳號：19833503英屬蓋曼群島商家庭傳媒股份有限公司城邦分公司
城邦網址：http://www.cite.com.tw

香　港　發　行　城邦（香港）出版集團有限公司
香港灣仔軒尼詩道235號3F

馬　新　發　行　城邦（馬新）出版集團
Cite (M) Sdn. Bhd. (458372 U)
11, Jalan 30D/146, Desa Tasik, Sungai Besi,
57000 Kuala Lumpur, Malaysia

初　版　一　刷　2008 年6月10日
ISBN 978-986-6739-58-3

定價480元

國家圖書館出版品預行編目資料

女人穿衣聖經 / 金‧強生‧葛羅絲（Kim Johnson
Gross）、傑夫‧史東（Jeff Stone）作；克莉絲
汀娜‧辛巴莉絲特(Kristina Zimbalist) 撰稿；
洪瑞璘譯. -- 初版. -- 臺北市：臉譜出版：
城邦文化,家庭傳媒城邦分公司發行,2008.06
　面；　公分. —（生活風格系列；FJ1006）
譯自：Chic Simple Dress Smart：women
ISBN 978-986-6739-58-3（精裝）

1. 女裝　2. 衣飾

423.23　　　　　　　　　　　97007682